住房和城乡建设部"十四五"规划教材

高等学校土木工程专业指导委员会规划推荐教材

（经典精品系列教材）

建筑防爆设计

李国强　陈素文　陈　星　编

中国建筑工业出版社

图书在版编目（CIP）数据

建筑防爆设计 / 李国强，陈素文，陈星编. -- 北京：中国建筑工业出版社，2025.8. --（住房和城乡建设部"十四五"规划教材）（高等学校土木工程专业指导委员会规划推荐教材）（经典精品系列教材）. -- ISBN 978-7-112-31411-9

Ⅰ. TU352.1

中国国家版本馆 CIP 数据核字第 20253RX554 号

本教材的主要特点有：1. 体现近年来建筑防爆设计领域的新发展，新技术与新需求；2. 采用国家及行业相关的最新规范，结合典型工程案例，突出实用性与指导性；3. 章节结构契合"建筑防爆设计"课程的内容编排逻辑及教学目标。

本教材共分为 7 章，主要内容包括：绪论，建筑爆炸风险评估及防爆安全规划，爆炸荷载，材料动力特性，结构抗爆分析，建筑抗爆设计以及防连续性倒塌设计。各章配有典型实例，便于教学应用与学生理解。

本教材主要适用于土木工程、建筑学、安全工程等相关专业的"建筑防爆设计"课程，也可供相关领域的工程技术人员学习与参考。

为支持教学，本书作者配套制作了多媒体课件，使用本教材的教师可通过以下方式获取：1. 邮箱：jckj@cabp.com.cn；2. 电话：010-58337285。

责任编辑：赵　莉　吉万旺

责任校对：张　颖

住房和城乡建设部"十四五" 规划教材
高等学校土木工程专业指导委员会规划推荐教材
（经典精品系列教材）
建筑防爆设计
李国强　陈素文　陈　星　编

*

中国建筑工业出版社出版、发行（北京海淀三里河路 9 号）
各地新华书店、建筑书店经销
北京鸿文瀚海文化传媒有限公司制版
建工社（河北）印刷有限公司印刷

*

开本：787 毫米×1092 毫米　1/16　印张：11¾　字数：252 千字
2025 年 9 月第一版　　2025 年 9 月第一次印刷
定价：**49.00** 元（赠教师课件）
ISBN 978-7-112-31411-9
（45437）

出版说明

党和国家高度重视教材建设。2016年，中办国办印发了《关于加强和改进新形势下大中小学教材建设的意见》，提出要健全国家教材制度。2019年12月，教育部牵头制定了《普通高等学校教材管理办法》和《职业院校教材管理办法》，旨在全面加强党的领导，切实提高教材建设的科学化水平，打造精品教材。住房和城乡建设部历来重视土建类学科专业教材建设，从"九五"开始组织部级规划教材立项工作，经过近30年的不断建设，规划教材提升了住房和城乡建设行业教材质量和认可度，出版了一系列精品教材，有效促进了行业部门引导专业教育，推动了行业高质量发展。

为进一步加强高等教育、职业教育住房和城乡建设领域学科专业教材建设工作，提高住房和城乡建设行业人才培养质量，2020年12月，住房和城乡建设部办公厅印发《关于申报高等教育职业教育住房和城乡建设领域学科专业"十四五"规划教材的通知》（建办人函〔2020〕656号），开展了住房和城乡建设部"十四五"规划教材选题的申报工作。经过专家评审和部人事司审核，512项选题列入住房和城乡建设领域学科专业"十四五"规划教材（简称规划教材）。2021年9月，住房和城乡建设部印发了《高等教育职业教育住房和城乡建设领域学科专业"十四五"规划教材选题的通知》（建人函〔2021〕36号）。为做好"十四五"规划教材的编写、审核、出版等工作，《通知》要求：（1）规划教材的编著者应依据《住房和城乡建设领域学科专业"十四五"规划教材申请书》（简称《申请书》）中的立项目标、申报依据、工作安排及进度，按时编写出高质量的教材；（2）规划教材编著者所在单位应履行《申请书》中的学校保证计划实施的主要条件，支持编著者按计划完成书稿编写工作；（3）高等学校土建类专业课程教材与教学资源专家委员会、全国住房和城乡建设职业教育教学指导委员会、住房和城乡建设部中等职业教育专业指导委员会应做好规划教材的指导、协调和审稿等工作，保证编写质量；（4）规划教材出版单位应积极配合，做好编辑、出版、发行等工作；（5）规划教材封面和书脊应标注"住房和城乡建设部'十四五'规划教材"字样和统一标识；（6）规划教材应在"十四五"期间完成出版，逾期不能完成的，不再作为《住房和城乡建设领域学科专业"十四五"规划教材》。

住房和城乡建设领域学科专业"十四五"规划教材的特点：一是重点以修订教育部、住房和城乡建设部"十二五""十三五"规划教材为主；二是严格按照专业标准规范要求编写，体现新发展理念；三是系列教材具有明显特点，满足不同层次和类型的学校专业教学要求；四是配备了数字资源，适应现代化教学的要求。规划教材的出版凝聚了作者、主审及编辑的心血，得到了有关院校、出版单位的大力支持，教材建设管理过程有严格保障。 希望广大院校及各专业师生在选用、使用过程中，对规划教材的编写、出版质量进行反馈，以促进规划教材建设质量不断提高。

住房和城乡建设部"十四五"规划教材办公室

2021 年 11 月

修订说明

为规范我国土木工程专业教学，指导各学校土木工程专业人才培养，高等学校土木工程学科专业指导委员会组织我国土木工程专业教育领域的优秀专家编写了《高等学校土木工程专业指导委员会规划推荐教材》。本系列教材自 2002 年起陆续出版，共 40 余册，十余年来多次修订，在土木工程专业教学中起到了积极的指导作用。

本系列教材从宽口径、大土木的概念出发，根据教育部有关高等教育土木工程专业课程设置的教学要求编写，经过多年的建设和发展，逐步形成了自己的特色。本系列教材曾被教育部评为面向 21 世纪课程教材，其中大多数曾被评为普通高等教育"十一五"国家级规划教材和普通高等教育土建学科专业"十五""十一五""十二五""十三五"规划教材，并有 11 种入选教育部普通高等教育精品教材。2012 年，本系列教材全部入选第一批"十二五"普通高等教育本科国家级规划教材。

2011 年，高等学校土木工程学科专业指导委员会根据国家教育行政主管部门的要求以及我国土木工程专业教学现状，编制了《高等学校土木工程本科指导性专业规范》。在此基础上，高等学校土木工程学科专业指导委员会及时规划出版了高等学校土木工程本科指导性专业规范配套教材。为区分两套教材，特在原系列教材丛书名"高等学校土木工程专业指导委员会规划推荐教材"后加上经典精品系列教材。2021 年，本套教材整体被评为"住房和城乡建设部'十四五'规划教材"。2023 年 7 月，为适应土木工程专业人才培养需求不断更新的要求，由教育部高等学校土木工程专业教学指导分委员会修订的专业规范正式出版，并更名为《高等学校土木工程本科专业指南》（以下简称《专业指南》）。请各位主编及有关单位根据《高等教育 职业教育住房和城乡建设领域学科专业"十四五"规划教材选题的通知》和《专业指南》要求，高度重视土建类学科专业教材建设工作，做好规划教材的编写、出版和使用，为提高土建类高等教育教学质量和人才培养质量作出贡献。

高等学校土木工程学科专业指导委员会

中国建筑工业出版社

前　言

　　本教材于 2025 年首次出版。 近年来，人为和意外爆炸事件在全球范围内频繁发生，建筑防爆安全的重要性日益凸显，国家对公共建筑的防爆安全要求逐步提高。 本教材正是在这一背景下，结合编者们在建筑防爆安全方面的多年教学和科研实践编写的。 教材内容紧密结合当前建筑防爆设计的发展趋势，充分吸收了最新的研究成果和规范标准，旨在满足土木工程及相关专业本科生、研究生学习"建筑防爆设计"课程的需求，亦可为工程技术人员提供理论基础与技术指导。

　　本教材系统梳理了建筑防爆设计的理论框架与应用流程，内容覆盖爆炸作用、爆炸荷载确定、材料动力特性、构件及结构抗爆分析方法、围护体系设计以及结构防连续倒塌设计等方面。 在保证教学学时和学习负担适中的前提下，全书共设 7 章，力求逻辑清晰、重点突出、案例丰富，便于教师教学与学生理解。 同时，针对典型问题设置了具体示例和分析步骤，增强教材的工程适应性与实用性。

　　由于我们水平有限，书中定有不当或错误之处，我们衷心地希望并感谢使用本教材的各位师生和工程技术人员向我们提出宝贵的意见，我们定当认真研究，为本教材的改进不懈努力。

编者

2025 年 6 月

目　录

主要符号列表

第 2 章主要符号

英文字母

P	风险评估参数	
C	后果	
R	风险	

上下标

A	威胁	
E	系统效能	

第 3 章主要符号

英文字母

A	开口面积	
C	反射系数/摇曳系数/等效系数	
c	声速	
D	爆轰波波速	
E	能量	
H	炸药爆高/结构高度	
i	冲量	
k	绝热系数	
L	波长	
P	压力	
q	动压	
Q	爆热	
R	目标点距炸药中心距离	
T	温度	
t	时间	
U	波速	
u	质点运动速度	
V	房间体积	
W	炸药当量/结构宽度	
Z	比例距离	

希腊字母

ρ	密度	
ε	气体内能	
τ	压力波持时	
ζ	压力衰减系数	
α	入射角/等效系数	

上下标

0	初始时刻	
+	正压	
−	负压	
0	静止介质	
A	到达	
D	拖曳力	
d	冲击波压力上升时间	
E	能量	
f	可燃气体	
G	地面投影	
g	气体	
m	质量	
o	压力持时	
of	简化的入射波荷载	
P	压力	
R	结构顶面/侧面	
r	反射波	
rf	简化的反射波荷载	
ra	斜反射	
s	入射波	
so	入射峰值	
T	三波点	
w	冲击波波阵面	
W	炸药	

第 4 章主要符号

英文字母

A	面积
c	声速
D	损伤因子
DIF	动力增大系数
E	杨氏模量
f	强度
G	剪切模量
I	应力张量不变量
J	应力偏量不变量
K	体积模量
l	长度
P	压力
S	偏应力张量
T	温度
t	时间
U	弹性内能
W	功

希腊字母

ε	应变
σ	应力
τ	剪切应力
θ	Lode 角
η	应力三轴度
ν	泊松比
μ	体积应变
ρ	密度

上下标

·	时间导数
0	弹性/参考状态
*	无量纲化参数
'	关于某量求导
A	非热激活部分
c	抗压
cd	动态抗压
cs	准静态抗压
d	动态
e	弹性
eff	等效
i	入射波/初始
p/^{p}	塑性
r	反射波
s	准静态/抗拉强度
t	透射波
td	动态抗拉
ts	准静态抗拉
T	热激活部分
u	极限值
y	屈服值

第 5 章主要符号

英文字母

B	钢筋混凝土柱截面宽度
E	弹性模量
F	外荷载/分布函数
I	惯性矩
K	刚度
L	柱高
m	质量
P	结构特定变形对应的荷载
R	抗力
T	周期
Y	位移

希腊字母

ω	自振周期

上下标

$^-$	实际值
$^{..}$	对时间二阶求导
eq	等效值
m	最大值
ts	准静态抗拉

第6章主要符号

英文字母

A	面积
b	宽度
d	高度/间距
f	抗力/强度
G	剪切模量
K	有效计算长度系数
l/L	长度
M	弯矩
P	压力/概率
p	爆炸超压
r	半径/抗力
S	截面弹性模量
s	间距
T	周期/时间
t	厚度
V	剪应力
v	剪力
X	变形/位移
Z	截面塑性模量/比例距离

希腊字母

μ	延性系数
α	斜向钢筋的倾角
θ	支座转角
ρ	配筋率
φ	强度折减系数
σ	应力

上下标

$'$	受压
c	混凝土
cr	界限值
d	斜向的或极限的/直剪/动态
dc	混凝土动态
df	钢筋动态
ds	动态设计值
du	动态极限
dy	动态屈服
E	弹性
e	距离支座一定距离
f	翼缘
H	水平方向
min	最小
N	自身属性
s	受拉/支座处/箍筋或纵筋相关
T	总计
t	受拉区
u	极限/受剪
V	竖直方向
w	腹板
y	屈服/箍筋总计

第 7 章主要符号

英文字母

R	构件承载力/剩余结构构件承载力
L	荷载组合值
G	永久荷载
Q	可变荷载
S	雪荷载/剩余结构构件内力

希腊字母

φ	抗力分项系数
γ	永久荷载分项系数
ψ	可变荷载分项系数
Ω	动力放大系数
θ	剩余结构构件的塑性转角

上下标

n	实际值
u	需求值
k	标准值
d	设计值

附录主要符号

英文字母

B	宽度
E	弹性模量
F	外荷载
I	惯性矩
K	刚度/等效单自由度转换系数
L	柱高
M	质量/弯矩

018

P	结构特定变形对应的荷载	
R	抗力	
T	周期	
Y	位移	

上下标

‒	实际值	
··	对时间二阶求导	
eq	等效值	
m	最大值	
ts	准静态抗拉	

第 1 章

绪 论

1.1 建筑防爆的背景与意义

爆炸灾害是一种人因灾害，可分为蓄意爆炸和意外爆炸。

蓄意爆炸通常来自恐怖爆炸袭击。据不完全统计，2012 年至今全球共发生恐怖袭击约 10 万起，其中爆炸袭击约占 50%，且数量与占比均呈上升趋势。恐怖分子一般采用汽车炸弹、箱包炸弹、自杀性人体炸弹等进行爆炸袭击，造成严重的人员伤亡、经济损失和社会影响。以下是数起典型恐怖爆炸袭击事件：

1980 年 8 月 2 日，意大利博洛尼亚火车站发生汽车炸弹爆炸事件，造成 73 人死亡，291 人受伤。

1983 年 10 月 23 日，黎巴嫩贝鲁特国际机场发生汽车炸弹爆炸事件，造成 241 人死亡，75 人受伤。

1993 年 2 月 26 日，美国纽约世贸中心地下停车场发生严重的汽车炸弹爆炸事件，造成 6 人死亡，直接经济损失数亿美元。

1995 年 4 月 19 日，在美国俄克拉荷马城的政府办公楼附近发生汽车炸弹爆炸事件，引发了连续性倒塌（图 1.1a），造成 167 人死亡，592 人受伤。据调查统计，近 40%（200/508）的伤者是被高速飞行的玻璃碎片割伤或扎伤。

2001 年 9 月 11 日，美国发生了震惊世界的"9.11"恐怖主义袭击事件（图 1.1b），造成两栋 400 多米高的纽约世贸中心大楼倒塌，死亡近 3000 人。

2009 年 10 月 25 日，伊拉克首都巴格达发生两起自杀式汽车炸弹爆炸事件（图 1.1c），造成至少 147 人丧生，721 人受伤。距爆炸现场 50m 的曼苏尔酒店，由于爆炸威力强大，门窗几乎全部被毁，天花板脱落。

2016 年 6 月 28 日土耳其伊斯坦布尔机场遭遇连环自杀式爆炸袭击（图 1.1d），导致至少 45 人死亡，239 人受伤。

除恐怖爆炸外，意外爆炸也给人类带来极大的生命财产威胁，以下是数例典型意外爆炸事件：

1988 年 5 月 4 日，美国内华达州亨德森市的太平洋工程生产公司发生大爆炸（图 1.2a），

(a) 美国俄克拉荷马联邦大楼
汽车炸弹袭击事件

(b) 美国"9·11"恐怖主义袭击事件

(c) 巴格达政府大楼遭恐怖袭击

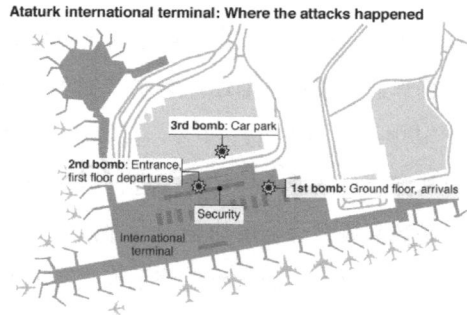

(d) 伊斯坦布尔机场爆炸枪击事件

图 1.1 典型恐怖袭击事件

近 900 万磅（约 335 万 kg）火箭燃料被引爆，释放出相当于 2700t TNT 炸药爆炸的能量，造成 2 人死亡，372 人受伤，经济损失 1 亿美元。

2010 年 7 月 28 日，南京栖霞区一工厂发生意外爆炸（图 1.2b）。离爆炸地点 100m 范围内的建筑物毁坏严重，屋顶坍塌、玻璃破碎，造成 22 人死亡，120 多人受伤。

2016 年 8 月 12 日，天津滨海新区一仓库起火导致内部贮存的化学危险品爆炸（图 1.2c）。首次爆炸相当于 15t TNT，形成了一个直径 15m、深 1.1m 的月牙形小爆坑；第二次爆炸相当于 430t TNT，形成一个直径 97m、深 2.7m 的圆形大爆坑，距大爆坑 150m 范围内的建筑均被摧毁。爆炸造成 165 人死亡、8 人失踪、798 人受伤，直接损失 68.66 亿元。此次事件中玻璃幕墙的破坏也极为严重，距爆源 1km 内的小区玻璃基本碎裂，马路上到处是散落的玻璃碎片及窗框。距爆源 800m 左右的天津海关大楼内，甚至有玻璃碎片深深插入水泥墙体中。

2022 年 8 月 4 日，黎巴嫩贝鲁特港口区发生特大爆炸事故，爆炸接连发生两次。调查认为爆炸与仓库内的 2750t 硝酸铵有关，爆炸当量在 300～1000t 的 TNT 之间。爆炸炸毁了方圆 10km 内的房屋，造成至少 218 人死亡、6500 多人受伤、3 人失踪。

从上述事件中可见，重要建筑物如驻外使领馆、机场、车站、体育场馆、地标建筑物等

(a) 美国太平洋工程生产公司意外爆炸

(b) 中国南京栖霞区一工厂意外爆炸

(c) 中国天津滨海新区危险品仓库起火爆炸事故

(d) 黎巴嫩贝鲁特港口区爆炸事故

图 1.2　意外爆炸事件

人员密集或社会影响大的设施易遭受恐怖爆炸袭击，意外爆炸多发生在危化品生产设施或储存仓库。爆炸常造成严重人员伤亡和巨大经济损失。因此，有必要重视建筑防爆设计，以减轻爆炸对建筑物造成的损害，保护人民生命财产安全。本教材主要针对炸药爆炸情形。

1.2　建筑防爆研究和设计规范概况

为防止或减轻爆炸造成的建筑破坏，需从两个方面采取措施：一是建筑防爆，即降低爆炸对建筑的威胁。通过加强安检等人防和技防措施减小爆炸物接近或进入建筑的可能性，或通过设置防撞墩等阻挡装置将大当量的汽车炸弹阻挡在与建筑一定距离外，从而减小爆炸冲击作用对建筑的影响；二是结构抗爆。通过抗爆设计保障结构抗爆能力，防止关键结构构件严重破坏，特别是结构连续性倒塌。国内外研究机构及学者针对建筑防爆和结构抗爆开展了大量研究，并制定了相关设计指南或规范。

美国较早开展建筑防爆研究和实际应用。20 世纪 40 年代，美国国家安全委员会发起一个叫作预测爆炸和冲击对建筑结构影响的研究计划，于 1949 年出版了美国陆军技术手册 TM5-855-1，该手册提供了确定不同炸弹爆炸产生空气冲击波大小的基本方法；1951 年，加利福尼亚大学洛杉矶分校工程系为桑地亚武器研究中心出版了一本名为《砌体结构在冲击荷载作用下的破坏》的书，该书总结了 300 多位工程师和研究人员在爆炸冲击波荷载作用下砌体结构响应和破坏的研究成果，并简述了钢筋混凝土结构弹性动力分析的基本理论和设计方法；20 世纪 50 年代初到 70 年代中，美国军方和其他许多国家继续进行该方面的研究，取得了许多新成果，主要是关于爆炸冲击波荷载作用下钢结构和钢筋混凝土结构的响应，于 1965 年出版了 TM5-855-1 的新版本；1969 年，美国陆军出版了 TM5-1300 用于指导军火工厂的结构设计，采用等效单自由度体系进行动力分析。由于等效静力设计方法用于建筑结构在机器振动、暴风、地震和爆炸荷载作用下的设计太过保守，Norris 和 Hansen 等于 1959 年合作出版了第一本关于结构动力设计方法的书《Structural Design for Dynamic Loads》，该书首次考虑了各种武器效应、冲击波超压与结构几何形状及方向等的关系，首次引用了二战时日本原子弹爆炸对结构的破坏数据，首次采用把连续体简化为等效单自由度体系进行简化分析的动力设计方法；Biggs 曾经是 Norris 的学生，他在麻省理工学院讲授动力设计方法时，于 1964 年出版了《Introduction to Structural Dynamics》一书，详细介绍了整体结构和基本构件在动力荷载作用下的弹塑性反应和动力设计的数值方法、基本构件的简化单自由度动力分析，并提供各种情况下的动力反应图表以供参考，该书以后成为许多结构抗爆设计手册的参考资料。

迄今为止，各国已颁布多部结构抗爆设计规范/标准，为军事和民用建筑结构抗爆设计提供指导。例如：美国的 TM5-855-1、TM5-1300、UFC 4-010-01、UFC 3-340-02，以及加拿大在 2012 年颁布的 CSA/S 850-12 等。以上标准中不仅包含结构的抗爆设计内容，还包含爆炸作用下人员和重要设备的防护方法，从建筑规划、爆炸冲击波荷载、钢结构抗爆设计、钢筋混凝土抗爆设计等方面给工程技术人员提供了抗爆分析及设计指南。

相比之下，我国的结构抗爆研究发展较晚。早期研究主要针对军事结构的爆炸效应和防护并以核爆炸和常规武器爆炸为主。随着我国科学技术的发展和国防建设的需要，许多高校和科研院所对爆炸力学和结构工程开展了探索性研究，主要涵盖：爆炸荷载基本特性，钢、混凝土和玻璃等主要建筑材料的动态材性、结构构件在爆炸冲击荷载作用下的动态响应特征和破坏模式、爆炸荷载下工程结构的抗连续性倒塌以及结构抗爆加固等方面。我国颁布的相关标准主要有《人民防空工程设计规范》GB 50225—2005 等。

目前，我国在对重要民用建筑结构进行设计时较少考虑受偶然爆炸袭击的因素，存在很大的安全隐患。中国工程建设标准化协会于 2020 年颁布《民用建筑防爆设计标准》T/CECS 736—2020，是民用建筑领域的首部防爆设计标准，主要内容包括：基本规定（规定了建筑的抗爆设防分类、抗爆设防要求和防爆设计要求）、爆炸风险分析和防爆安全规划、爆炸荷载、材料动态特性、结构构件抗爆分析、结构抗爆设计、结构防连续倒塌设计、建筑围护系统与防爆墙的抗爆设计、既有建筑抗爆安全评估与性能提升。应在新建建筑的设计阶段就开始考虑爆炸荷载，使重要建筑物能够抵御爆炸作用，以保障人民生命财产安全。

1.3 建筑防爆设计基本规定

1.3.1 抗爆设防分类

建筑防爆设计的基本目的是在一定的经济条件下，最大程度地限制或减轻建筑物的爆炸危害，保障人民生命财产的安全。建筑的抗爆设防类别不同，其相应的设防目标也不同。建筑抗爆设防类别应根据建筑重要性等级和爆炸危险性确定，并可根据业主要求适当提高。

建筑重要性等级应根据建筑的社会影响、爆炸危害性以及爆炸后功能要求确定，可根据业主要求适当提高；爆炸危险性指建筑遭受爆炸威胁的可能性，应根据爆炸风险评估确定；爆炸危害性指爆炸后建筑破坏造成的人员伤亡、直接和间接经济损失、社会影响以及次生灾害等后果。

我国《民用建筑防爆设计标准》T/CECS 736—2020（后简称《标准》）中将建筑重要性划分为四个等级：

（1）一级建筑：社会影响重大、爆炸危害性严重或爆炸后功能不能中断的建筑；

（2）二级建筑：社会影响较大、爆炸危害性较严重或爆炸后功能需快速恢复的建筑；

（3）三级建筑：除一、二、四级以外的建筑；

（4）四级建筑：社会影响小、爆炸危害性低的建筑。

《标准》进一步规定了建筑的抗爆设防分类，分甲、乙、丙、丁四类；一级建筑应重点设防，抗爆设防类别为甲类；二级建筑应一般设防，抗爆设防类别为乙类；三级建筑应适度设防，抗爆设防类别为丙类；四级建筑可不设防，抗爆设防类别为丁类。当爆炸危险性低时，三级建筑的抗爆设防类别可为丁类。抗爆设防类别为甲类和乙类的建筑应进行防爆专门设计；抗爆设防类别为丙类的建筑可仅进行防爆概念设计。

1.3.2 抗爆设防要求

不同抗爆设防类别建筑的抗爆设防目标不同，如表 1.1 所示。从建筑整体性能的角度，建筑功能是否能快速恢复是衡量建筑抗爆性能的重要指标，尤其是对于具有重要功能的建筑（如医院、交通枢纽等）。因此对设防类别为甲类或乙类的建筑，应做到经历爆炸袭击后不影响建筑的正常使用，或快速修复后可继续使用。对于设防类别为丙类或丁类的建筑，允许爆炸袭击后功能中断。需注意的是，对各设防类别，均不允许发生主要结构构件的完全破坏，并避免结构发生连续性倒塌。

建筑抗爆设防目标　　　　　　　　　　　　　表 1.1

设防类别	建筑整体性能	构件性能		
		主要结构构件	次要结构构件	非结构部件
甲类	不影响使用	轻微破坏		
乙类	可快速修复、继续使用	轻微破坏	中等破坏	
丙类	难以修复	中等破坏	严重破坏	
丁类	不可修复	严重破坏	完全破坏	

注：（1）主要结构构件指结构柱、承重墙、主梁和支撑等，次要结构构件指次梁、楼面板和屋面板等，非结构部件包括围护系统、门和窗等。
　　（2）构件破坏程度：1）轻微破坏：无明显破损；2）中等破坏：未失效，永久变形较小或可修复；3）严重破坏：未失效，永久变形较大或不可修复；4）完全破坏：失效。

表 1.2～表 1.4 分别给出了钢筋混凝土结构构件、钢结构构件、砌体结构构件的允许破坏程度和允许变形值。非结构部件的允许破坏程度则如表 1.5 所示。

钢筋混凝土结构构件允许最大变形值　　　　　表 1.2

结构构件	允许破坏程度	允许变形	允许变形值
柱、墙（平面外）	轻微	弹塑性转角$[\theta]$	0.5°（0.009rad）
		延性比$[\mu]$	1
	中等	弹塑性转角$[\theta]$	1°（0.018rad）
		延性比$[\mu]$	2
	严重	弹塑性转角$[\theta]$	2°（0.035rad）
		延性比$[\mu]$	4
梁	轻微	弹塑性转角$[\theta]$	1°（0.018）
		延性比$[\mu]$	2
	中等	弹塑性转角$[\theta]$	2°（0.035rad）
		延性比$[\mu]$	4
	严重	弹塑性转角$[\theta]$	4°（0.07rad）
		延性比$[\mu]$	8
板	轻微	弹塑性转角$[\theta]$	2°（0.035rad）
		延性比$[\mu]$	4
	中等	弹塑性转角$[\theta]$	4°（0.07rad）
		延性比$[\mu]$	8
	严重	弹塑性转角$[\theta]$	8°（0.14rad）
		延性比$[\mu]$	16

钢结构构件的允许最大变形值   表 1.3

结构构件	允许破坏程度	允许变形量	允许变形值
框架柱	轻微	弹塑性转角$[\theta]$	$0.5°(0.009\text{rad})$
		延性比$[\mu]$	2
	中等	弹塑性转角$[\theta]$	$1°(0.018\text{rad})$
		延性比$[\mu]$	4
	严重	弹塑性转角$[\theta]$	$2°(0.035\text{rad})$
		延性比$[\mu]$	8
梁	轻微	弹塑性转角$[\theta]$	$2°(0.035\text{rad})$
		延性比$[\mu]$	5
	中等	弹塑性转角$[\theta]$	$4°(0.07\text{rad})$
		延性比$[\mu]$	10
	严重	弹塑性转角$[\theta]$	$8°(0.14\text{rad})$
		延性比$[\mu]$	20

砌体结构构件的允许破坏程度和允许变形值   表 1.4

结构构件	允许破坏程度	允许变形量	允许变形值
非配筋砌体	轻微	弹塑性转角$[\theta]$	$1°(0.018\text{rad})$
		延性比$[\mu]$	1.05
	中等	弹塑性转角$[\theta]$	$1.5°(0.026\text{rad})$
		延性比$[\mu]$	1.08
	严重	弹塑性转角$[\theta]$	$2°(0.035\text{rad})$
		延性比$[\mu]$	1.1
配筋砌体	轻微	弹塑性转角$[\theta]$	$1°(0.018\text{rad})$
		延性比$[\mu]$	1.05
	中等	弹塑性转角$[\theta]$	$2°(0.035\text{rad})$
		延性比$[\mu]$	1.1
	严重	弹塑性转角$[\theta]$	$4°(0.07\text{rad})$
		延性比$[\mu]$	1.2

爆炸作用下非结构部件的允许破坏程度   表 1.5

部件	允许破坏程度	破坏情况
门窗	轻微	边框、连接件完好,开启扇修复后可继续使用
	中等	边框基本完好,连接件轻度损坏,修复后可继续使用
	严重	边框、连接件损坏,开启扇未整体脱落,修复或更换后可继续使用

续表

部件	允许破坏程度	破坏情况
玻璃	轻微	玻璃发生破碎,少量碎片脱落,无飞溅
	中等	玻璃发生破碎,碎片飞溅距离不大于1m
	严重	玻璃发生破碎,碎片飞溅距离大于1m、不大于3m
围护墙	轻微	墙面基本完好,少量碎片脱落,无飞溅
	中等	墙面轻度损坏,碎片飞溅距离不大于1m
	严重	墙面中等损坏,碎片飞溅距离大于1m、不大于3m

1.3.3 防爆设计总要求

爆炸冲击波压力随着距爆心距离的增加而迅速衰减,因此爆炸产生的破坏作用具有局部性。爆炸对建筑设施造成的破坏效应主要有三类:

(1)结构构件的破坏和失效。爆炸冲击波直接造成结构构件(如梁、柱、剪力墙、楼板)等的变形、开裂、失稳等破坏,甚至失效。

(2)结构连续性倒塌。即建筑结构因局部破坏(如关键构件失效)引发连锁反应,导致整体或大部分结构倒塌的现象。连续性倒塌往往造成严重的人员伤亡和财产损失,因此在结构设计中需特别关注。

(3)围护体系的破坏。外墙、玻璃门窗和幕墙等围护体系受爆破坏后,一方面产生大量高速飞射的碎块,造成人员和设备的损失。另一方面,围护体系失效后,冲击波进入室内,造成室内结构构件和设施的进一步破坏。

建筑防爆设计应注重三个关键字:(1)"防",防止爆炸尤其是大当量炸药近距离爆炸的发生。主要通过安全规划措施实现:如采取爆炸物检测等技防措施降低爆炸发生的可能性、设置车辆阻挡装置等使大当量的爆源远离设防目标;(2)"抗",保障建筑的抗爆能力,防止主要结构构件的失效,避免结构连续性倒塌的发生;(3)"减",减少高速飞溅的玻璃和其他破片。

为减少爆炸造成的人员和经济损失,应首先确定建筑的抗爆设防类别,然后按照以下步骤进行建筑防爆设计:

(1)开展爆炸风险评估和安全规划,确定建筑物可能遭受的爆炸威胁(当量、爆距以及可能性);

(2)确定设计爆炸荷载;

(3)主要结构构件的抗爆分析和设计;

(4)围护系统的抗爆分析和设计;

(5)建筑结构防连续倒塌设计。

　　本教材根据各部分内容间的逻辑关系进行编排。首先从爆炸作用展开讨论，先确定建筑物可能遭受的爆炸威胁（第 2 章），再根据爆炸威胁确定构件/结构抗爆分析所需的设计爆炸荷载（第 3 章）。第 4 章介绍了材料的动力特性。第 5 章介绍了常用的结构抗爆分析方法。第 6 章介绍建筑抗爆设计。第 7 章介绍结构防连续性倒塌设计。为便于读者理解和应用，部分章节包含了具体示例供参考。

第2章
建筑爆炸风险评估及防爆安全规划

建筑防爆设计首先需对目标建筑进行爆炸风险评估和防爆安全规划。风险评估的目的是确定目标建筑可能遭受的爆炸风险，当风险水平较高时，需通过安全规划来降低爆炸风险。通过爆炸风险评估和防爆安全规划，确定建筑设计爆炸威胁，包括：可能遭受的爆炸袭击类型、当量、爆距以及袭击的可能性，确定的设计爆炸威胁可用确定结构/构件抗爆设计阶段所需的设计爆炸荷载。

2.1 爆炸风险评估方法

爆炸风险评估可按图2.1所示流程进行。首先确定评估对象，然后进行危险性分析，评估潜在的爆炸威胁及其可能性，进一步分析评估对象的易损性和爆炸危害性，最后给出爆炸风险。

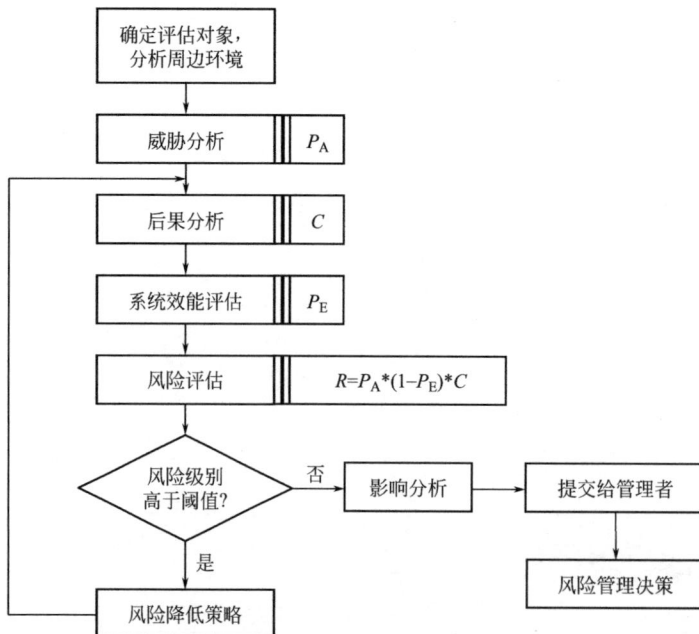

图2.1 安全风险评估流程

2.1.1　评估对象的确定

风险评估的初始步骤是确定评估对象，评估对象通常指重要的建筑、设施或区域，也可以是建筑中的重要部位等。

明确评估对象后，需要梳理评估对象及其周边环境，包括所处位置、周边环境和交通、建筑/设施用途、建筑/设施布局、结构布置、防护措施、建筑内部及周边人员情况等，以用于确定评估对象的潜在爆炸威胁及易损性。

2.1.2　爆炸危险性分析

爆炸危险性分析需确定潜在的爆炸威胁及其可能性。潜在爆炸威胁包括爆炸类型、采取的袭击手段和爆炸当量。

分析爆炸袭击危险性时，应综合考虑以下几方面：

（1）建筑的重要性等级，确定建筑对爆炸袭击的吸引程度；

（2）建筑所处的环境，包括社会环境和物理环境。分析建筑所处的社会环境如法律法规等，确定获取炸药的难易程度；

（3）建筑防护措施设置情况：（a）分析已有或拟采用的门禁、入口检测等人防、技防措施，确定人员可能携带炸药的当量及爆距。人员携带炸药主要包括雷管、腰带炸弹、背心炸弹、背包炸弹等。（b）分析周边环境和交通，明确可能靠近的车辆级别；根据附录 A，分析已布置或拟采用的防撞墙和防撞墩等防爆阻挡装置的防撞等级；确定可能的汽车炸弹的当量和爆距。

1. 潜在袭击手段的确定

确定潜在袭击手段时，应根据建筑重要性等级、社会环境、同类建筑或设施的爆炸恐怖袭击历史、建筑及周边环境以及拟采取的防护措施等因素，确定评估对象需考虑的袭击手段。

表 2.1 列出常见爆炸威胁和当量。

爆炸威胁的等效 TNT 当量　　　　　　　　　　表 2.1

爆炸威胁	箱包炸弹	汽车炸弹				
		轿车	面包车	轻型卡车	中型卡车	重型卡车
等效 TNT 当量(kg)	25	250	500	1000	4000	10000

准确定义威胁应考虑评估对象所处的时期。时期不同，威胁因素可能不同，危险分级标准也会发生变化，防护设计和防护措施也应随之变化。

通常定义下面四个时期：

（1）和平期：周围环境处于正常安全水平，安全防护措施按照正常规定进行。

（2）安全关注期：威胁预警程度提高。如由于特殊事件或者特别行动，导致暴力事件增加，在特定场所（如交通中心）内发生威胁的可能性增加。

（3）紧张时期（TP）：政治矛盾已经不能在和平状态下解决，已经发生短期的公开冲突，这时应该提高安全防护措施，用来减少恐怖和暴力事件。

（4）冲突时期（OC）：国家或一个城市内部已经发生公开的武装冲突。

2. 危险性等级

潜在爆炸威胁的危险性可按如下分级：

（1）低（Low）：无类似设施的爆炸威胁历史，且未发现任何可能遭受爆炸袭击的情报线索；当地法律法规健全，执行到位，很难获取爆炸袭击所需材料；建筑周边爆炸防护措施完善，不易发动爆炸袭击等；

（2）中（Moderate）：有类似设施的潜在爆炸威胁历史，但未发现任何本设施或本地区可能遭受爆炸袭击的情报线索；当地法律法规执行存在疏漏，可能获取爆炸袭击所需材料；建筑周边爆炸防护措施存在疏漏，可能发动爆炸袭击等；

（3）高（High）：有类似设施的潜在爆炸威胁历史，并且已收集到本设施将要遭受袭击的情报线索；当地法律法规执行情况较差，易获取爆炸袭击所需材料；建筑周边防护较弱，易发动爆炸袭击等。

2.1.3 易损性分析

易损性分析是指分析潜在爆炸威胁下建筑及防护措施性能降低甚至失效的可能性，确定建筑发生破坏甚至倒塌的概率。分析时应该考虑评估对象面对潜在威胁时所存在的缺陷。易损性可分为低（Low）、中（Moderate）和高（High）三级：

（1）低（Low）：建筑现有的抵抗潜在爆炸威胁的能力满足要求，威胁发生时，建筑发生破坏的概率低，即使受到影响，也只发生轻微破坏；

（2）中（Moderate）：分析对象现有的抵抗威胁能力基本满足要求，但是存在一定缺陷，威胁发生时，分析对象将发生中等破坏；

（3）高（High）：分析对象现有的抵抗威胁能力不满足要求，威胁发生时，分析对象发生严重破坏甚至完全破坏的概率高。

2.1.4 危害性分析

危害性分析主要是确定爆炸威胁造成的人员伤亡、经济损失和社会影响等后果，可分为轻微（Low）、中等（Moderate）、严重（High）和非常严重（Very High）四级：

（1）轻微（Low）：建筑功能不受影响、不需修复即可使用，无人员伤亡，经济损失小；

（2）中等（Moderate）：建筑功能受影响不大、经快速修复后可使用，造成 3 人以下死亡或 10 人以下重伤或 1000 万元以下直接经济损失；

（3）严重（High）：建筑功能受影响大、经大修后可使用，造成 3 人以上（含）死亡或 10 人以上（含）重伤或 1000 万元以上（含）直接经济损失；

（4）非常严重（Very High）：建筑功能丧失、不可修复，造成 10 人以上（含）死亡或 50 人以上（含）重伤或 5000 万元以上（含）直接经济损失。

2.1.5　风险等级

爆炸风险等级通过将三个风险参数（危险性、易损性和危害性）的定性级别用逻辑组合和专家判断模型组合起来得到，可表示为低（L）、中（M）、高（H）和非常高（VH）。表 2.2 给出了风险等级与三个风险参数的逻辑组合示例。

风险等级与三个风险参数的逻辑组合　　　　　　　　　　　　表 2.2

危险性	易损性	危害性	风险等级	危险性	易损性	危害性	风险等级
L	L	L	L	M	M	M	M
L	L	M	L	M	H	M	M
L	L	H	L	M	M	H	H
L	L	VH	L	M	H	H	H
L	M	L	L	M	M	VH	VH
L	H	L	L	M	H	VH	VH
L	M	M	M	H	L	L	L
L	H	M	M	H	L	M	L
L	M	H	H	H	L	H	H
L	H	H	H	H	L	VH	L
L	M	VH	VH	H	M	L	L
L	H	VH	VH	H	H	L	L
M	L	L	L	H	M	M	M
M	L	M	L	H	H	M	M
M	L	H	H	H	M	H	H
M	L	VH	L	H	H	H	H
M	M	L	L	H	M	VH	VH
M	H	L	L	H	H	VH	VH

2.2 防爆安全规划与防护措施

当爆炸风险等级高或非常高时，应通过合理的建筑安全规划、采取相应的防护措施降低风险。本节介绍工程中常用的降低爆炸风险的方法。

2.2.1 汽车炸弹及背包炸弹的防护措施

爆炸冲击波荷载随爆距的增加而快速降低（与爆距的三次方呈反比），增加爆距是一个非常有效、降低爆炸冲击波荷载的方法。可以通过合理的基地选址和场地设计增大潜在爆炸威胁的爆距。美国规范对大使馆建筑，推荐采用的安全防护距离是 30m。但大多数情况下，尤其是城市中心，由于建筑密集，这样的要求往往得不到满足。

另一种有效措施是将停车场与主体建筑分开，特别是对于人群比较密集的建筑和有重要设施的建筑；无法满足时，应将建筑重要部位远离道路和停车场。对汽车炸弹，常采用车辆阻挡装置进行拦截。常用的车辆阻挡装置包括防撞栏杆、防撞墙等，或利用地形、景观设施等。按照《标准》附录 A 的规定，车辆阻挡装置的防撞等级可分为 L1、L2、L3、M1、M2、M3、H1、H2、H3 九级。M1 级指的是能阻挡 6800kg 的中型卡车以 50km/h 的速度的撞击。图 2.2 为上海虹桥交通枢纽布置的固定式防撞栏杆。

在采用车辆阻挡装置阻挡未授权车辆靠近的同时，还应对允许靠近建筑物的车辆实行爆炸物检查。通常采用检查或扫描的方法（如打开后备箱、采用反射镜对车底进行检查等）检查爆炸物和违禁品（图 2.3、图 2.4）。

图 2.2 防撞栏杆

图 2.3 车底扫描装置

图 2.4 车体扫描装置

对于背包炸弹，可在建筑入口处对行人及包裹进行爆炸物检测（图 2.5）。重要建筑物入口检测处还应设置可疑包裹处理间及防爆罐（图 2.6），对一些可疑包裹进行紧急处理，减小可能发生的伤亡。

图 2.5　爆炸物检测

图 2.6　防爆罐

2.2.2　结构构件的抗爆加固措施

对既有结构加固的方法主要包括喷涂聚脲、FRP 材料加固以及外包钢板。

聚脲是一种高性能的聚合物，具有良好的耐磨性、抗冲击性和附着力，已广泛应用于航空航天、海洋工程、建筑工程等领域。在爆炸防护领域，聚脲涂层可提高建筑物、设备等的抗爆性能。通过在钢筋混凝土构件、砌体构件等表面涂覆聚脲涂层，可以增强结构的抗冲击能力，减少爆炸对结构造成的损害，在抗爆结构中具有广泛的应用场景（图 2.7a）。

纤维增强复合材料（FRP）是近些年发展起来应用于建筑加固和结构修复工程的高性能材料，具有比强度高、比模量大、可设计性强、耐腐蚀性高以及热膨胀系数与混凝土相近等特点。主要包括碳纤维增强复合材料（CFRP）、玄武岩纤维增强复合材料（BFRP）和玻璃

(a) 聚脲防护(Wu，2022)　　　(b) CFRP加固(Yan，2014)　　　(c) 外包钢板加固(Fujikura，2008)

图 2.7　结构构件的常用抗爆加固措施

纤维增强复合材料（GFRP）等。根据需求，可将纤维材料制成所需 FRP 制品，用于结构的加固（图 2.7b）。

外包钢板加固钢筋混凝土构件，既可提高构件的抗冲击能力，还可因包裹混凝土碎块而保持较好的残余承载力；而且工艺简单、可靠性强，因而在工程中得到广泛应用（图 2.7c）。

2.2.3 玻璃幕墙和玻璃门窗的防爆加固措施

爆炸荷载作用下，玻璃幕墙容易发生脆性断裂破坏，破裂生成的碎片由于获得非常大的动能会对人体造成伤害。因此对于爆炸危险性较高的区域，应采用夹层玻璃减少碎片飞溅。夹层玻璃由两层（或多层）玻璃与中间膜胶结而成（图 2.8）。一旦玻璃发生破碎，碎片会粘附在中间膜上，因此极大地减少了飞溅的玻璃碎片，从而保护室内人员的安全。

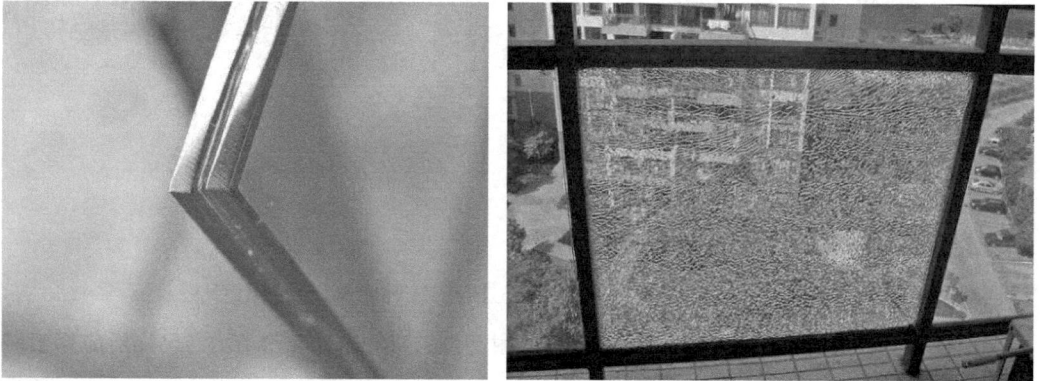

图 2.8 夹层玻璃

然而，强爆炸冲击作用下玻璃面板可能发生夹持破坏或夹层撕裂，从而携带着大量动能整体飞出，对室内人员造成极大威胁。因此，根据防护要求的不同，可能需要采取额外的抗爆加固措施。此类措施主要分为"拦"和"耗"两种思路。"拦"即指在玻璃门窗后面安装拦截系统来阻挡飞溅的玻璃碎片或整体飞出的夹层面板，同时也起到抑制夹层玻璃过度变形的作用。有效的拦截措施包括安装在门窗后面的防爆帘、防护网、防护杆以及紧贴玻璃内表面的聚酯安全膜等（图 2.9）。此外，将夹层从面板中延伸出一段并用螺栓或杆锚固在窗框上也能降低面板发生拉出破坏的可能性（图 2.9e）。值得注意的是，采用上述拦截手段时需保证拦截系统具有足够的锚固。

"耗"则是通过引入耗能部件消耗爆炸能量。例如：在幕墙支座、玻璃夹具以及索网幕墙的锚固端等位置加入金属、泡沫混凝土等耗能材料（图 2.10）。此类部件可通过自身的变形和损伤吸收爆炸冲击能量，从而减小玻璃幕墙的爆炸响应及损伤程度。

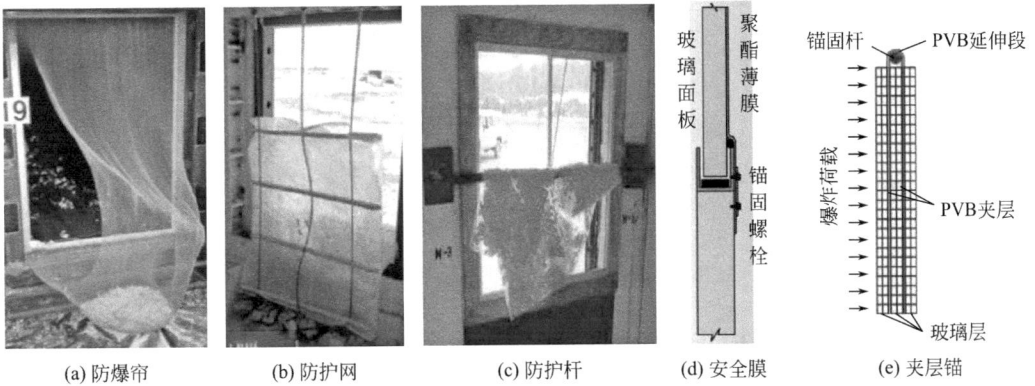

(a) 防爆帘　　　　(b) 防护网　　　　(c) 防护杆　　　(d) 安全膜　　(e) 夹层锚

图 2.9　玻璃幕墙及门窗的抗爆拦截手段（Trawinski，2004；Zhang，2016）

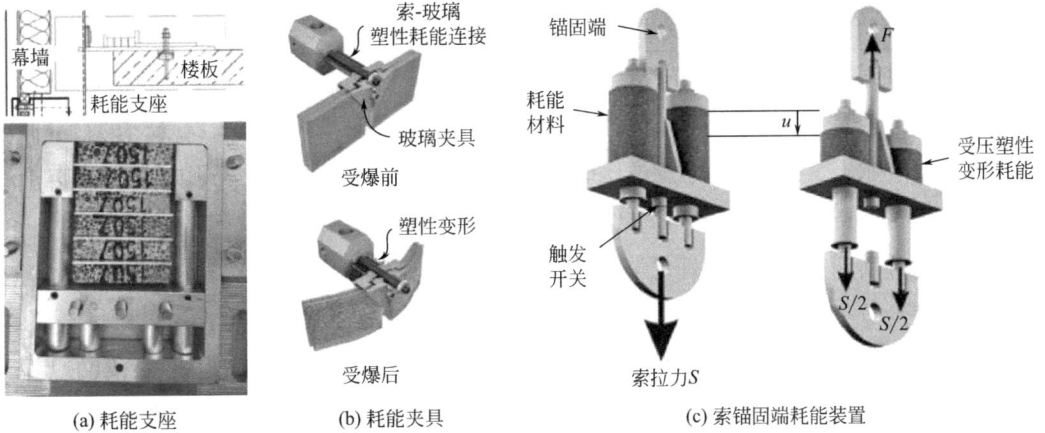

(a) 耗能支座　　　　(b) 耗能夹具　　　　(c) 索锚固端耗能装置

图 2.10　玻璃幕墙的减爆耗能装置（Wellershoff，2018）

思考题

1. 简述建筑防爆风险评估流程。
2. 简述评估流程各步骤需考虑的因素。
3. 简述防爆安全规划的措施及适用条件。

第3章

爆炸荷载

3.1 爆炸现象概述

爆炸一般定义为：在较短时间和有限空间内，能量从一种形式向另一种或集中形式转化并伴有强烈机械效应的过程。足够小的容积内以极短的时间突然释放能量，以致产生一个从爆源向有限空间传播开去的一定幅度的压力波，那么就说在该环境里发生了爆炸。爆炸分为物理爆炸（如锅炉爆炸等）、化学爆炸（如炸药爆炸、火箭推进剂的爆炸等）和核爆炸，本书主要介绍炸药爆炸。炸药爆炸瞬间，形成高温高压气体骤然膨胀，进一步造成爆点周围介质（如空气、水、土等）发生急剧的压缩形成超压，这种超压以压力波的形式向外传播，到达结构表面时将产生反射超压，如果结构不能承受反射超压，即产生破坏。

炸药爆炸实际上是一种物理化学变化过程，主要特征表现为：

（1）反应过程的放热性（可以引起火灾）：爆炸反应过程放出的热称为爆炸热（或爆热），一般常用高级炸药的爆热为 3.71~7.53MJ/kg，爆炸时的温度可高达 3000~5000℃；

（2）爆炸反应生成大量气体产物：1L 炸药爆炸时可以产生 1000L 左右的爆炸气体，在爆炸的瞬间它们被强烈地压缩在接近于炸药原有的体积内，因此在炸药所具有的体积内瞬时成为高温、高压气体，其压力可达数十万个大气压；

（3）反应过程的高速性：炸药爆轰（爆炸）的传播速度高达每秒数千米。因此可以近似认为爆炸反应所释放出的能量全部集中在爆炸反应前所占据的体积内，这样单位体积内爆炸反应所形成的能量密度是一般化学反应所无法达到的。

爆炸或爆轰与常见的化学燃烧有一定的相似之处，但也有区别，主要为：

（1）在传播机理上，燃烧时反应区的能量是通过热传导和热辐射以及燃烧的气体产物扩散作用传入未反应区的，而爆炸则是借助于爆轰波的冲击压力对炸药强烈压缩作用进行传递的；

（2）从传播速度来看，燃烧传播速度通常为每秒数毫米到数米，最大的传播速度也只有每秒几百米（如黑火药的最大传播速度为 400m/s）。而炸药爆轰的传播速度高达每秒数千米，如铸装 TNT 炸药（密度 1.6g/cm³）的爆轰速度约为 6900m/s，强约束条件下的高纯度、高密度的黑索金（RDX）爆轰速度甚至可达 8800m/s；

（3）在燃烧过程中，反应区的燃烧产物的质点速度方向与燃烧阵面的方向相反，因此燃烧区域内的压力较低。但爆轰时，爆轰区内的质点速度与爆轰波阵面传播方向一致，在反应区内介质被高速压缩，因此反应区内的压力极高，可达数十万个标准大气压（1标准大气压为760mm汞柱的高度，大约等于0.1013MPa）。

影响爆炸冲击波特性（强度、持时、衰减特征）的主要因素是爆炸源、传播介质、障碍物。目前大多数关于理想爆炸冲击波的实验数据是通过凝聚相高级炸药的爆轰所积累的。炸药的主要特征参数是：爆热（爆炸释放出来的能量），爆容（爆炸产生的气体体积），爆温（爆炸产物的最高温度），爆速（爆炸传播速度）和爆压（爆轰波最大压力）。表3.1~表3.3给出了一些常见炸药的特征参数。

炸药和一般燃料的能量（Baker，1983）　　　　　　　　　　　表3.1

名称	燃烧热或爆热（kJ）		
	每千克物质	每千克燃料空气混合物*	每立方分米燃料空气混合物*
木柴	18840	7955	19.7
无烟煤	33494	9211	18.0
汽油	41868	9630	17.6
黑火药	2931	2931	2805
梯恩梯	4187	4187	6490
硝化甘油	6280	6280	10048

注：* 燃料空气混合物是指燃料完全氧化所需要的空气和燃料的混合物。

炸药爆炸后产生爆炸气体的体积（Baker，1983）　　　　　　　表3.2

炸药名称	气态爆轰产物的体积（L）	
	每千克炸药	每升炸药
梯恩梯(TNT)	740	1184
特屈儿(TE)	760	1216
黑索金(RDX)	908	1544
硝化甘油(NG)	690	1104
泰安(PETN)	790	1383

一些典型炸药的爆炸参数（Baker，1983）　　　　　　　　　表3.3

炸药名称	炸药密度（g/cm³）	爆压（MPa）	爆炸比热（kJ/kg）	爆炸温度（℃）	燃烧温度（℃）	爆轰速度（m/s）
梯恩梯(TNT)	1.6	20000	4187	2950	310	6800
特屈儿(TE)	1.6	19300	4510	3915	195	7200
黑索金(RDX)	1.7	29600	6276	3850	290	8300
硝化甘油(NG)	1.6	28000	6280	4110	210	8000
泰安(PETN)	1.75	25500	5899	4010	220	8200

凝聚相炸药是高密度物质，每单位体积具有很大的能量。但是，在军事应用中，通常采用每单位质量或单位重量的能量作为衡量炸药相对功效的参数，因而该参数常与炸药密度相提并论。对于不同类型的炸药，经常采用等效 TNT 重量来表示，表 3.4 给出了常用炸药的等效 TNT 系数。在实际应用中，如果有等效压力和等效冲量相关资料，可采用等效压力和等效冲量系数进行等效 TNT 重量转换；而如果只有等效能量系数资料，则采用等效能量系数进行等效 TNT 重量转换。

不同类型炸药的等效 TNT 系数（UFC，2008）　　　　表 3.4

炸药名称	等效 TNT 系数（等效能量）
梯恩梯(TNT)	1.0
特屈儿(TE)	1.07
黑索金(RDX)	1.15
硝化甘油(NG)	1.13
泰安(PETN)	1.17
塑性炸药 C4	1.13
奥克托今(HMX)	1.15

爆炸的问题可分为爆炸的内部问题、外部问题和相互作用问题。

爆炸的内部问题是研究炸药在释放能量的物质中发生的物理化学过程。通常把炸药的爆炸过程看作爆轰波的传播过程，主要研究爆轰波阵面上的波速、质点速度、压力等物理量。通过研究可以得出：对于一定化学组成的炸药，其爆轰波阵面上的波速、质点运动速度、压力等物理量只与炸药密度有关；对于一定密度的炸药，其爆轰波阵面上的各物理量为一定值；通常爆轰波波速可达每秒数千米，压力可达数十万个大气压。

爆炸的外部问题是研究炸药爆炸后冲击波在药包周围的介质（空气、水、土、金属等）中的传播过程。通常在炸药周围的介质中产生很高的压力波，在水、土、金属等固体介质中，该压力波以应力波的形式在介质中传播，从而对介质造成影响和损坏；在空气中，该压力波以空气冲击波的形式进行传播，引起空气密度、压力、声速、质点运动速度等物理量发生明显的变化。表 3.5 和表 3.6 分别给出了前人根据理论推导得出的空气和水中的冲击波初始状态参数，与实验值非常接近。

空气中爆炸的冲击波初始状态参数（孟宪昌，1988）　　　　表 3.5

炸药名称	密度 ρ_w (g/cm³)	D (m/s)	Q (kcal/kg)	ΔQ (kcal/kg)	P_w (MPa)	u_w (m/s)	U (m/s)
TNT	1.60	7000	1000	285	57	6450	7100

注：ρ_w 是炸药质量密度；D 是爆轰波波速；Q 是爆炸热；ΔQ 是在转换点上的余热；P_w 是初始冲击波压力；u_w 是初始冲击波阵面上的质点速度；U 是初始冲击波波速。

水中爆炸的冲击波初始状态参数（孟宪昌，1988）　　　表 3.6

炸药 名称	密度 ρ_w (g/cm³)	D (m/s)	U (m/s)	P_w (MPa)	$\dfrac{\rho_{w,\text{water}}}{\rho_{\text{water}}}$	u_w (m/s)	U/D
TNT	1.60	7000	6100	13600	1.560	2185	0.872

注：$\rho_{w,\text{water}}$ 是初始冲击波阵面上水的质量密度；ρ_{water} 是水的原始质量密度。

爆炸的相互作用问题分为两方面的内容，一方面是研究炸药爆炸后形成的爆轰波与炸药周围介质（水、土、金属、空气）等之间的相互作用，另一方面是研究在介质中传播的应力波或空气冲击波与所遇物体之间的相互作用。当爆炸空气冲击波在空气中传播或与建筑物相互作用时，会引起空气和建筑物的压力、密度、温度和质点速度迅速变化。

对于上部结构的抗爆问题，主要研究爆炸空气冲击波作用在结构上时，对结构造成的影响和损坏。由于冲击波的传播介质空气和上部结构之间的密度相差很大，可采用下面两点假定：

（1）不考虑作用到结构上的初始冲击波荷载与结构响应的耦合作用。

（2）结构构件（梁、板、柱等）可看作刚体，可引起冲击波的反射、绕射，从而使冲击波阵面后的流动发生变化。

对于水下爆炸或地下爆炸情形，或空气冲击波作用在索、膜等刚度很小的柔性结构上时，冲击波荷载和结构物的运动（变形）之间存在比较明显的耦合相互作用，上面假定就不成立，而必须考虑结构-介质的相互作用。

3.2　爆炸空气冲击波基本特性

本节介绍炸药在空气中爆炸引起的空气冲击波向外传播时引起空气密度、压力、声速、质点运动速度等物理量的变化规律。炸药在空气中爆炸可分空中自由爆炸和约束爆炸。根据爆源距离地面的高低，又把空中自由爆炸分为高空自由爆炸、低空近地面爆炸和地面爆炸。约束爆炸一般指发生在室内或除了地面外在靠近爆源处有其他阻碍物的爆炸现象，爆炸空气冲击波遇到其他物体的阻碍，会发生复杂的反射、折射等现象，其传播特性会变得非常复杂，对阻碍物产生的压力会急剧增大。因此，对约束爆炸常采用泄爆措施，通过洞口或泄爆口的泄漏作用减小空气冲击波荷载。

3.2.1　爆炸空气冲击波基本方程

计算爆炸空气冲击波参数，需求解气体动力学基本方程。式（3.1）～式（3.3）给出了气体动力学的质量、动量和能量守恒定律。

$$\frac{\partial \rho}{\partial t} + u\frac{\partial \rho}{\partial R} + \rho\frac{\partial u}{\partial R} + (\nu-1)\frac{\rho u}{R} = 0 \quad \text{(质量守恒定律)} \tag{3.1}$$

$$\frac{\partial u}{\partial t} + u\frac{\partial u}{\partial R} + \frac{1}{\rho}\frac{\partial \rho}{\partial R} = 0 \quad \text{(动量守恒定律)} \tag{3.2}$$

$$\frac{\partial P}{\partial t} + u\frac{\partial P}{\partial R} + kP\left(\frac{\partial u}{\partial R} + \frac{R-1}{R}u\right) = 0 \quad \text{(能量守恒定律)} \tag{3.3}$$

式中，P、ρ、u 分别是波阵面上的压力、密度、质点速度。ν 为常数，对球形药包、圆柱形药包和平面药包分别取 3、2、1；k 是绝热系数，对于空气 $k=1.4$。

上面方程组是拟线性方程组，虽然未知函数的导数是线性的，但诸函数的乘积以及函数与导数的乘积则带来了非线性。非线性的存在使得上述方程组的积分变得极其复杂，一般情况下只能借助于数值计算。

冲击波阵面是强间断面，在该间断面上，力学定律同样应得到满足，因此可以建立起波阵面前后参量之间的关系式，对于一维情况，其基本方程如下：

$$\rho_0(U-u_0) = \rho(U-u) \quad \text{(质量守恒)} \tag{3.4}$$

$$\rho_0 u_0(U-u_0) - P_0 = \rho u(U-u) - P \quad \text{(动量守恒)} \tag{3.5}$$

$$\rho_0(U-u_0)\left(\frac{u_0^2}{2}+\varepsilon_0\right) - P_0 u_0 = \rho(U-u)\left(\frac{u^2}{2}+\varepsilon\right) - Pu \quad \text{(能量守恒)} \tag{3.6}$$

其中，U 为爆炸空气冲击波波速；P_0、ρ_0、u_0、ε_0 分别为波阵面前的压力、密度、质点速度、气体内能；P、ρ、u、ε 分别是波阵面上的压力、密度、质点速度、气体内能。

若波阵面前气体静止，即 $u_0=0$，则上式可以改写为：

$$\rho_0 U = \rho(U-u) \quad \text{(质量守恒)} \tag{3.7}$$

$$P - P_0 = \rho u(U-u) \quad \text{(动量守恒)} \tag{3.8}$$

$$\rho_0 U\varepsilon_0 = \rho(U-u)\left(\frac{u^2}{2}+\varepsilon\right) - Pu \quad \text{(能量守恒)} \tag{3.9}$$

对于理想气体：内能 $\varepsilon = P/[(k-1)\rho]$；静止气体中的声速 $c_0 = \sqrt{kP_0/\rho_0}$。

综合式（3.7）、式（3.8）和式（3.9），可以得到：

$$u = \frac{2}{k+1}(1-q')U \tag{3.10}$$

$$\rho = \frac{k+1}{k-1}\rho_0\left(1+\frac{2q'}{k-1}\right)^{-1} \tag{3.11}$$

$$P = \frac{2}{k+1}\rho_0 U^2\left(1-\frac{k-1}{2k}q'\right) \tag{3.12}$$

其中 $q' = c_0^2/U^2$。对于强空气冲击波（P 远大于 P_0），声速 c_0 远小于冲击波波速 U，因此 P_0 和 q' 可忽略不计，爆炸空气冲击波参数计算公式可以简化为：

$$u = \frac{2}{k+1}U \tag{3.13}$$

$$\rho = \frac{k+1}{k-1}\rho_0 \tag{3.14}$$

$$P = \frac{2}{k+1}\rho_0 U^2 \tag{3.15}$$

$$\frac{T}{T_0} = \frac{P}{P_0}\frac{k-1}{k+1} \tag{3.16}$$

式中，T 和 T_0 分别为空气冲击波阵面后的温度和初始温度；冲击波压缩后气体中的声速为 $c = \sqrt{kP/\rho} = c_0\sqrt{T/T_0}$。

以上是用冲击波阵面波速 U 作为基本变量表示波阵面上的其他参数，也可用 P 为基本参量表示其他量。

爆炸空气冲击波的特性可总结如下：冲击波的波速与波的强度有关；冲击波具有陡峭的波阵面；冲击波与介质质点运动方向相同，但流速值小于波速；冲击波压缩时，介质的熵增加；冲击波以脉动形式传播，不具有周期性。

3.2.2　爆炸空气冲击波传播特性

爆炸空气冲击波在空气中传播时，将会形成如似双层球形的两个区域，外层为压缩区，内层为稀疏区。压缩区内因空气受到压缩，其压力大大超过正常大气压，所以称为超压。爆炸后产生的空气冲击波超压在空间传播过程中会快速衰减，如图 3.1 所示。

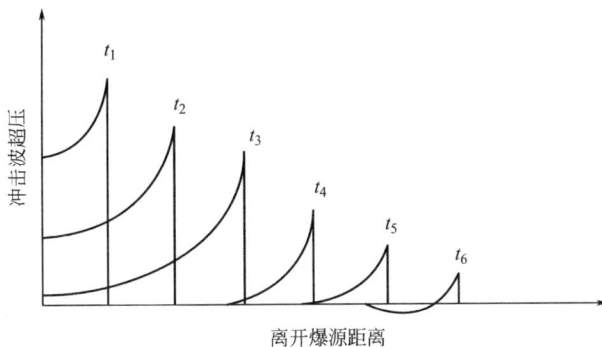

图 3.1　爆炸空气冲击波超压随距离衰减图

空气冲击波随距离衰减的主要原因有：（1）空气冲击波传播过程中，波阵面不断扩大；（2）由于单位面积能量的减小，冲击波速度降低，空气冲击波压缩相在传播过程中不断拉宽，压缩区内的空气量不断增加，因而单位质量空气的平均能量下降；（3）空气受到冲击绝热压缩，温度升高，消耗了部分冲击波的能量。

对于空间中某一固定点，由于阻尼等各种复杂原因，空气冲击波超压值随时间很快衰减，典型的衰减曲线如图 3.2 所示。

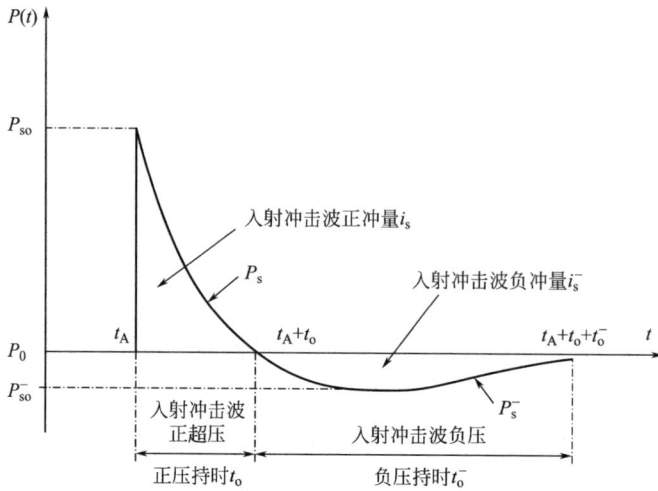

图 3.2 爆炸空气冲击波超压随时间衰减曲线

图 3.2 中，P_{so} 为入射冲击波超压峰值；t_A 为入射冲击波到达时间；t_0 为入射冲击波正超压持续时间；i_s 为入射冲击波正冲量；P_{so}^- 为入射冲击波负压峰值；t_0^- 为入射冲击波负压持续时间；i_s^- 为入射冲击波负冲量；P_0 为环境空气压力。

由图 3.2 可以看出，当爆炸空气冲击波到达空间一固定点后，该处的压力突然上升至冲击波超压，然后随时间推移迅速降低，并有一段时间小于周围环境压力，形成负压，然后逐渐升至周围环境压力。在结构抗爆分析设计中，往往不考虑负压作用，只考虑正压作用效应；但对于玻璃幕墙等柔性结构的抗爆分析，有必要考虑负压作用效应。

空气冲击波荷载等主要物理参量为：空气冲击波超压随距离和时间衰减关系、正压峰值、负压峰值、正压持续时间和负压持续时间等。

冲击波超压随时间的衰减可采用如下指数型函数：

$$P(t) = P_{so}\left(1 - \frac{t}{t_0}\right) e^{-\zeta/t_0} \tag{3.17}$$

式中，ζ 为衰减系数。

为了简化计算，实际工程中常将指数型空气冲击波压力衰减曲线简化为线性下降三角形冲击波压力衰减曲线，表示为：

$$P(t) = P_{so}\left(1 - \frac{t}{t_a}\right) \tag{3.18}$$

其中，t_a 为等效冲击波作用时间。

空气冲击波等效线性化时，保持最大峰值超压不变，然后根据冲击波的特性，常采用两种简化方式：

（1）如果结构或构件的最大响应发生在超压时程曲线的早期，则假定等效三角形脉冲的斜率正切于实际的超压-时间曲线，由此求出一种保证压力的初始衰减（初始斜率）不变的等效作用时间 T_{a1}，如图3.3中所示 $\Delta P_1(t)$，该方法可用于有较长持续时间的冲击波作用。

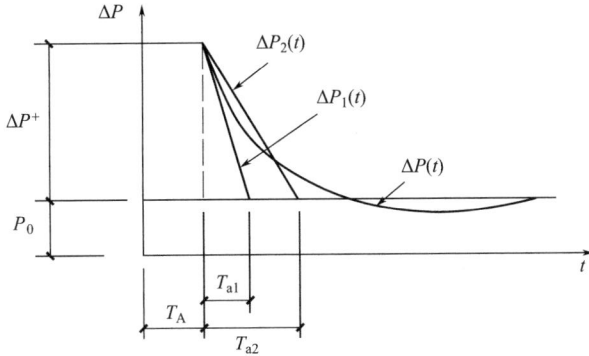

图3.3　爆炸空气冲击波荷载衰减的简化

（2）如果结构或构件的最大响应发生在超压已经衰减到零之后，则要保证压力的正冲量不变，确定等效作用时间为 T_{a2}，如图3.3中所示 $\Delta P_2(t)$，该方法可用于持续时间较短的冲击波作用。

常用高级炸药爆炸产生的冲击波超压作用时间往往很短，所以常采用第二种等效冲量的简化方法。采用计算机进行数值计算时，可以采用实际的指数型衰减曲线进行更为精确的分析。

在爆炸空气冲击波外层的压缩区，由于空气受到压缩而往外流动，这种流动的空气所产生的压力，称为动压（实际上是一种风压），按下式计算：

$$q = \frac{1}{2}\rho u^2 \tag{3.19}$$

式中，q 为动压；ρ 为空气密度；u 为空气流动速度。

反映爆炸空气冲击波特性的主要物理量包括：冲击波侧向峰值超压（P_{so}、P_{so}^-）、正负比冲量（单位面积上的冲量 i_s、i_s^-）、冲击波内质点密度 ρ_w、冲击波内质点速度 u_w、冲击波波前速度 U_0、冲击波动压 q 等。

对于核爆炸，需要考虑动压作用；对于常规炸药爆炸，由于动压常远小于超压，一般可以不考虑动压作用，但对于某些几何形状的结构，炸药爆炸的动压作用效应也可能很重要。例如对于圆柱体结构，爆炸时结构将迅速被冲击波包围，此时结构各个面上的超压基本相同，结构的变形将可能主要由动压产生的作用于结构上的拖曳力引起。

3.2.3　爆炸相似定律

在爆炸问题的研究中，爆炸空气冲击波的试验研究是较困难的，而且费用极高，尤其是进行大当量炸药的原型试验。爆炸空气冲击波的计算理论涉及非线性运动，需要依赖计算机，并且计算工作量很大，因此往往只对一些特定的参数数据进行计算。为了使得小药量试验所得的数据能扩大应用范围，须明确爆炸相似定律。相似定律（也即比例定律）是进行科学研究的基本定律，是指通过对小尺寸的模型试验得到一些能反映实际研究对象相似关系的基本规律。

试验研究和理论分析发现，爆炸相似定律基本符合以炸药质量开 3 次方为比例的关系（图 3.4），并进一步得到爆炸空气冲击波基本参数的计算公式：

$$P_{so} = \varphi_1\left(\frac{R}{\sqrt[3]{W}}\right) \tag{3.20}$$

$$P_{so}^- = \varphi_2\left(\frac{R}{\sqrt[3]{W}}\right) \tag{3.21}$$

$$\frac{t_o}{\sqrt[3]{W}} = \psi_1\left(\frac{R}{\sqrt[3]{W}}\right) \tag{3.22}$$

$$\frac{t_o^-}{\sqrt[3]{W}} = \psi_2\left(\frac{R}{\sqrt[3]{W}}\right) \tag{3.23}$$

式中，W 为炸药的 TNT 当量（质量）；R 为观测点距离爆炸中心的距离；$R/\sqrt[3]{W}$ 为比例距离，$t/\sqrt[3]{W}$ 为比例时间；$R/\sqrt[3]{W}$ 的单位一般用"m/$\sqrt[3]{kg}$"来表示。

爆炸相似定律可以表达为在相同的比例距离上，产生相似的冲击波。两个几何相似的炸药装药，在相同的空气环境中爆炸时，在相同的比例距离上，其波阵面上最大超压（或最大负压）、比例时间（不考虑重力和黏性影响）、质点速度、动压、比例冲量等分别相等。图 3.4 展示了不同当量 TNT 在不同比例距离处产生的反射超压 P_r，可见采用比例距离描述冲击波超压对于不同当量炸药均能表现出较好的一致性趋势。

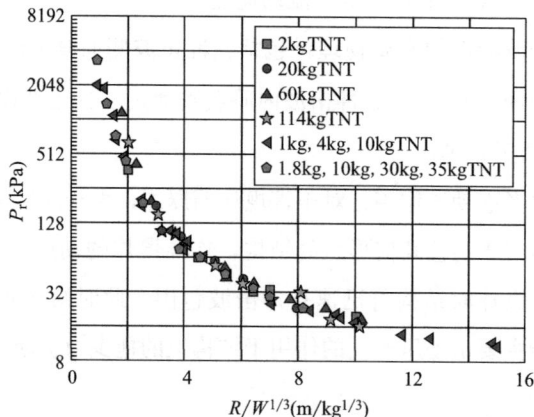

图 3.4　爆炸相似定律示意图（高光发，2021）

3.2.4 正反射、斜反射和马赫反射

空气冲击波遇到障碍物后会发生反射现象，空气冲击波的反射分为正反射（垂直反射 $\alpha_1=0°$）、规则斜反射（$\alpha_1<\alpha_{10}$）和马赫反射等（$\alpha_1\geqslant\alpha_{10}$）（图3.5和图3.6）。

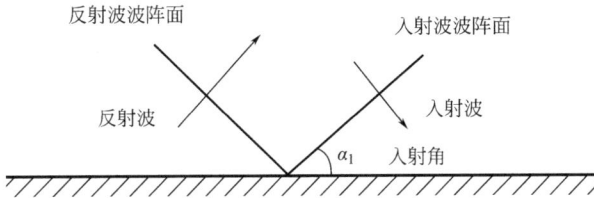

图3.5 爆炸空气冲击波的规则斜反射

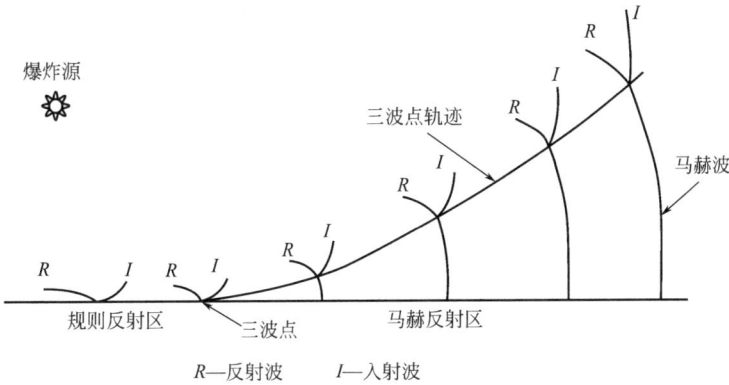

R—反射波 I—入射波

图3.6 爆炸空气冲击波的马赫反射

在反射过程中，由于壁面条件，入射空气冲击波的质点速度被滞止，所以反射面处质点速度为0，而反射空气冲击波的压力、密度和温度都要超过入射空气冲击波对应的参数，可将反射波的参数与相应入射波的参数之比称为反射系数。对于很弱的入射空气冲击波，声学反射理论近似成立，反射超压是入射超压的2倍（即反射系数为2）；对于很强的空气冲击波，入射波超压越大，反射波超压的增量就越大，理论上其反射系数可达到8。如果考虑到高温高压条件下的空气不再是理想气体（空气的绝热系数不为常数），以及空气分子的离介和电离效应，其反射系数值还要更大（可达20左右）。

根据正反射的边界条件，可以推出：

$$\frac{P_r}{P_{so}}=\frac{(3k-1)P_{so}-(k-1)P_0}{(k-1)P_{so}+(k+1)P_0} \tag{3.24}$$

$$\Delta P_r=\Delta P_{so}\left(1+7\frac{\Delta P_{so}+1}{\Delta P_{so}+7}\right) \tag{3.25}$$

其中，P_r表示反射空气冲击波超压；$\Delta P_r=P_r-P_{so}$；$\Delta P_{so}=P_{so}-P_0$。对于极强的空气冲

击波 P_{so} 远大于 P_0，当 $k=1.4$ 时，有 $P_r/P_{so} \approx (3k-1)/(k-1) = 8$。

当入射波（波阵面）运动方向与反射平面呈某一交角 α_1 时，则出现斜反射。冲击波的斜反射与声波的斜反射有些不同：对于一给定强度的入射冲击波，具有某个入射角的临界角（波阵面与反射面之间夹角）α_{10}，当入射角 α_1 小于 α_{10} 时，出现规则斜反射，否则将不出现规则斜反射，而出现马赫反射。

马赫反射是指入射波和反射波不在地面相交，而相交于地面上的某点，该点称为三波点，三波点以下到地面的那段波称为马赫波。马赫波的形成是由于反射波在被入射波加热和压缩过的空气中传播，因而传播速度快，逐渐赶上和超过入射波，与入射波合成为马赫波。对于很弱的空气冲击波，有 $\alpha_{10} \approx 90°$；对于很强的空气冲击波，有 $\alpha_{10} \approx 39.97°$；而声波则在 $0 \leqslant \alpha_1 \leqslant 90°$ 范围内均发生规则斜反射，而不发生马赫反射。

3.2.5 空中自由爆炸、近地爆炸和地面爆炸

自由爆炸是指除了地面外，没有其他阻碍物的爆炸现象，根据爆炸源距离地面的高低，把空中自由爆炸分为高空自由爆炸、低空近地面爆炸和地面爆炸。

高空自由爆炸是指爆炸源远离地面，作用在物体上的爆炸空气冲击波荷载不受地面和其他物体的影响，作用在物体上的爆炸空气冲击波主要为入射空气冲击波。图 3.7 给出了高空自由爆炸情况下爆炸空气冲击波的传播示意图，图 3.8 给出了入射空气冲击波超压和反射空气冲击波超压的衰减曲线示意图。

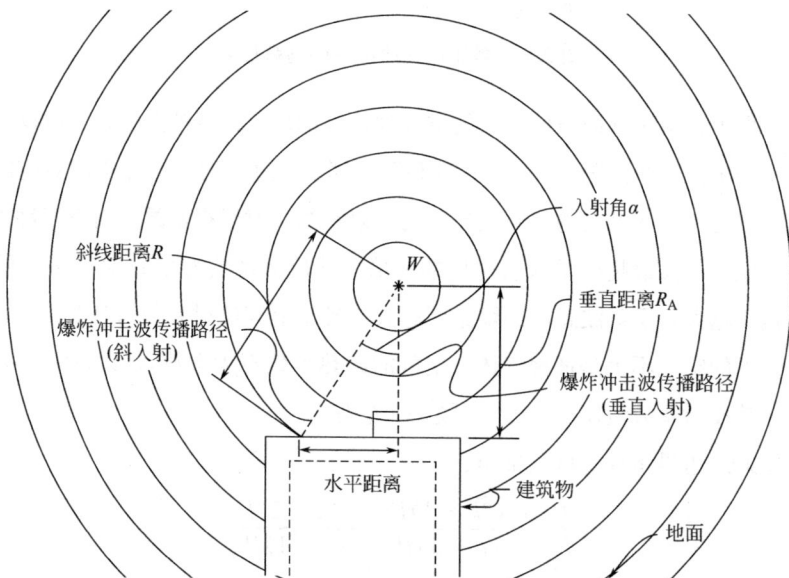

图 3.7 高空自由爆炸空气冲击波传播示意图（UFC，2008）

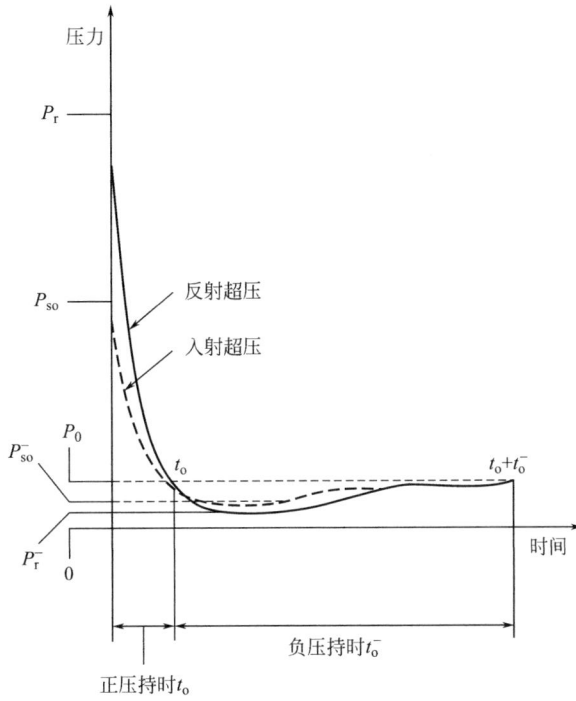

图 3.8　高空自由爆炸情况下入射空气冲击波超压和反射空气
冲击波超压随时间衰减曲线（UFC，2008）

对于高空自由爆炸，常用的爆炸冲击波经验公式有 Kingery-Bulmash 公式、Brode 公式
（1955）和 Henrych 公式（1979）等。Brode（1955）采用理论分析方法得出了爆炸空气冲击
波入射超压与比例距离的关系式：

$$P_{so} = \frac{670}{Z^3} + 100, \ P_{so} \geqslant 1.0\text{MPa} \tag{3.26}$$

$$P_{so} = \frac{97.5}{Z} + \frac{145.5}{Z^2} + \frac{585}{Z^3} - 1.9, \ 0.01 < P_{so} < 1.0\text{MPa} \tag{3.27}$$

其中，Z 表示比例距离（m），P_{so} 表示入射冲击波正超压峰值（kPa）。Henrych（1979）通
过理论与试验相结合的方法，给出了空中自由爆炸时爆炸空气冲击波入射超压、作用时间以
及冲量与比例距离的关系式（式 3.28～式 3.33）：

$$P_{so} = \frac{1407.17}{Z} + \frac{553.97}{Z^2} - \frac{35.72}{Z^3} + \frac{0.625}{Z^4}, \ 0.054 < Z \leqslant 0.3 \tag{3.28}$$

$$P_{so} = \frac{619.38}{Z} - \frac{32.6}{Z^2} + \frac{213.24}{Z^3}, \ 0.3 < Z \leqslant 1.0 \tag{3.29}$$

$$P_{so} = \frac{66.2}{Z} + \frac{405}{Z^2} + \frac{328.8}{Z^3}, \ 1.0 < Z < 10.0 \tag{3.30}$$

$$\frac{t_o}{\sqrt[3]{W}}=10^{-3}\times(0.107+0.444Z+0.264Z^2-0.129Z^3+0.0335Z^4)，0.054\leqslant Z\leqslant3 \quad (3.31)$$

$$\frac{i_o}{\sqrt[3]{W}}=663-\frac{1115}{Z}+\frac{629}{Z^2}-\frac{100.4}{Z^3}，0.4\leqslant Z\leqslant0.75 \quad (3.32)$$

$$\frac{i_o}{\sqrt[3]{W}}=-32.2+\frac{211}{Z}-\frac{216}{Z^2}+\frac{80.1}{Z^3}，0.75<Z\leqslant3 \quad (3.33)$$

除上述经验公式外，UFC 规范基于大量试验数据建立了球形药包高空自由爆炸入射和反射空气冲击波基本参数的经验图表，如图 3.9 和图 3.10 所示。图中 i_s、i_r 分别表示入射和正反射空气冲击波冲量；L_W 表示空气冲击波正压波长，即某时刻在爆炸传播方向上，正压区域的长度；$C_r=P_r/P_{so}$ 表示空气冲击波反射系数，与入射冲击波超压 P_{so} 和入射角 α_1 有关。

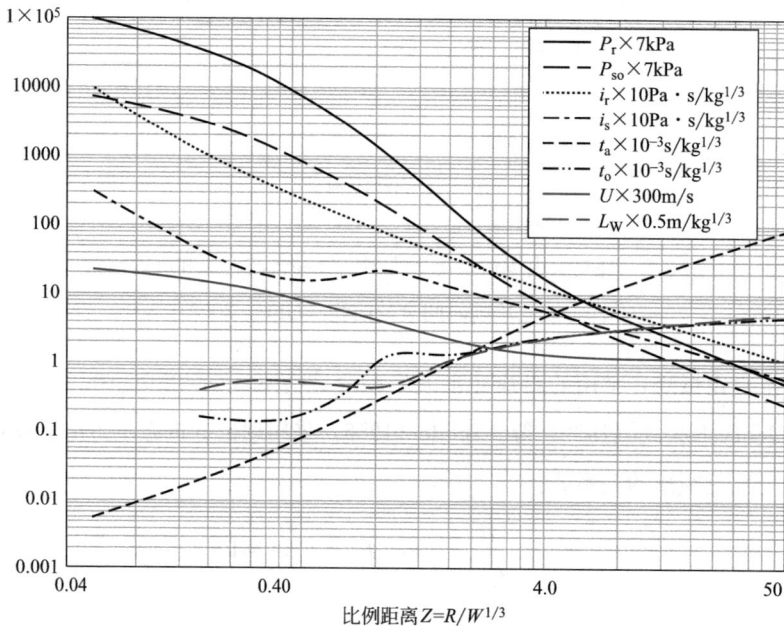

图 3.9 球形药包空中自由爆炸后空气冲击波参数（UFC，2008）

低空近地面爆炸是指爆炸源距离地面较近，作用在物体上的爆炸空气冲击波荷载受地面影响较大，往往形成马赫波。

我国学者张守中在《爆炸基本原理》中认为当比例爆高 $\frac{H}{\sqrt[3]{W}}\geqslant0.35$ 时，可忽略地面反射影响，归为空中自由爆炸；当 $\frac{H}{\sqrt[3]{W}}<0.35$ 时，应考虑地面反射的影响。

图 3.11 给出了低空近地面爆炸示意图，其中 H 为爆炸源距离地面的垂直高度；R_G 为爆炸源距离建筑物在地面上的投影距离；H_T 表示马赫波高度；α 为入射角。

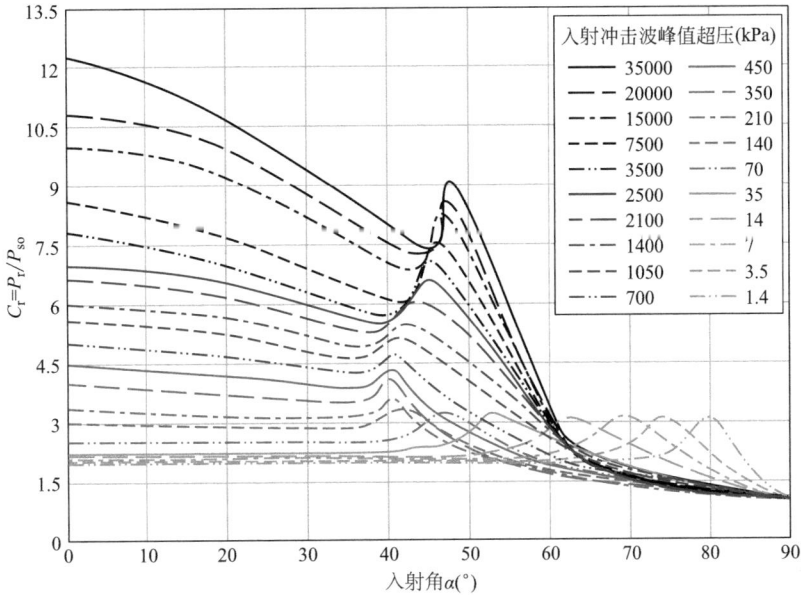

图 3.10　空中自由爆炸空气冲击波超压反射系数（UFC，2008）

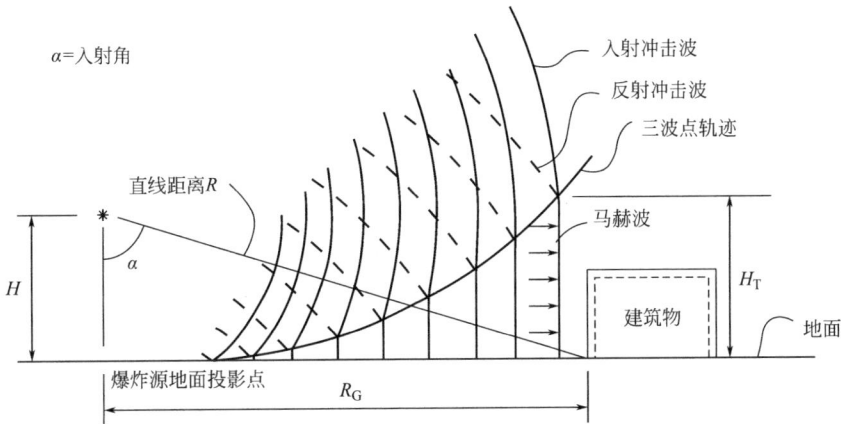

图 3.11　低空近地面爆炸空气冲击波传播示意图（UFC，2008）

图 3.12 给出了马赫波范围内的爆炸空气冲击波时程曲线，在低空近地面爆炸情况下，作用在结构上的爆炸空气冲击波荷载主要为马赫波。图 3.13～图 3.15 给出了确定低空近地面爆炸情况下作用在结构上的爆炸空气冲击波荷载的试验曲线。

图 3.13 中，P_{ra} 为由于地面反射作用形成的马赫波入射波超压峰值；横坐标为入射角 α；图中所示数字表示比例高度 $H/\sqrt[3]{W}$，单位是 "$m/kg^{1/3}$"。

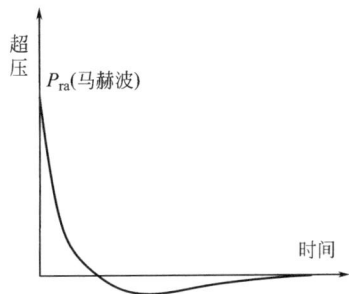

图 3.12　低空近地面爆炸空气冲击波马赫波衰减示意图（UFC，2008）

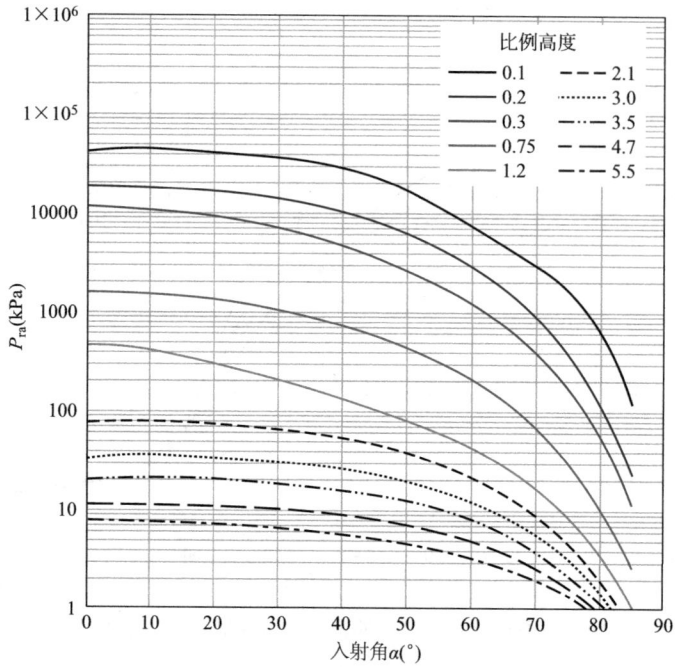

图 3.13　球形药包低空近地面爆炸马赫波超压参数图（UFC，2008）

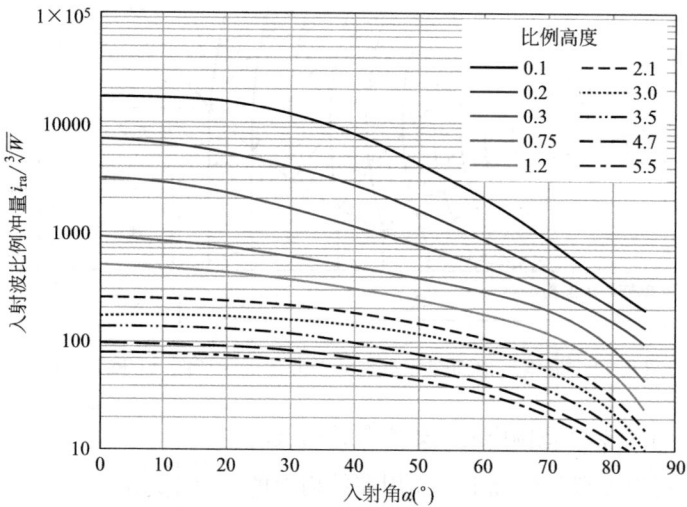

图 3.14　球形药包低空近地面爆炸马赫波冲量参数图（UFC，2008）

图 3.14 中，纵坐标 $i_{ra}/\sqrt[3]{W}$ 为由于地面反射作用形成的马赫波入射波比例冲量，单位是"Pa·s/kg$^{1/3}$"；横坐标为入射角 α；图中所示数字表示比例高度 $H/\sqrt[3]{W}$，单位是"m/kg$^{1/3}$"。

图 3.15 中，纵坐标 $H_T/\sqrt[3]{W}$ 表示马赫波比例高度，单位是"m/kg$^{1/3}$"；横坐标表示水平比例距离 $R_G/\sqrt[3]{W}$，单位是"m/kg$^{1/3}$"；图中所示数字表示比例高度 $H/\sqrt[3]{W}$，单位是

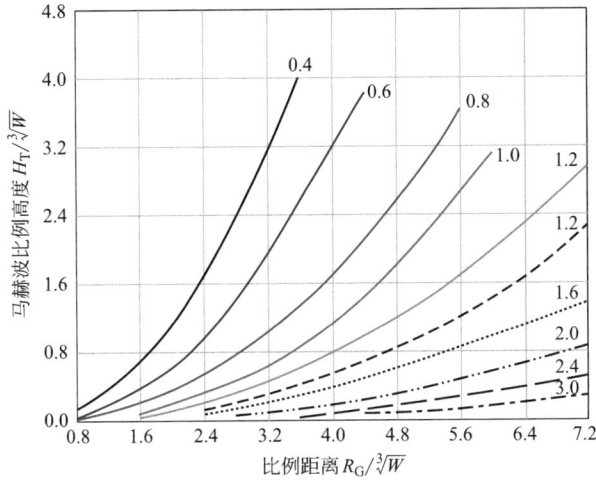

图 3.15 球形药包低空近地面爆炸三波点位置图（UFC，2008）

"m/kg$^{1/3}$"。

在地面自由爆炸情况下，爆炸空气冲击波荷载可全部被地面反射，作用在结构上的爆炸
空气冲击波荷载是反射后的荷载，比高空自由爆炸作用在结构上的冲击波荷载要大。图 3.16
给出了地面自由爆炸示意图，图 3.17 给出了确定地面自由爆炸情况下作用在结构上的爆炸
空气冲击波荷载的试验曲线（假定放置在地面的药包是半球形药包）。

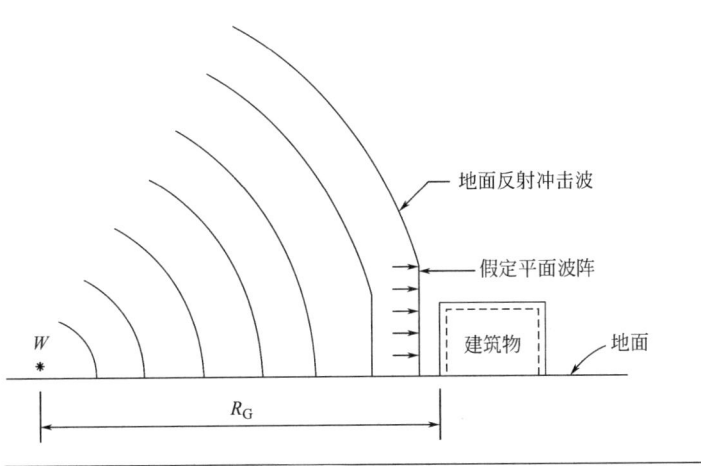

图 3.16 地面自由爆炸空气冲击波传播示意图（UFC，2008）

我国张守中学者在《爆炸基本原理》中认为，由于地面的阻挡和反射作用，传播到地面
上部空间的爆炸空气冲击波荷载会被放大，不同地面的反射效应不同。对普通土壤地面，由
于地面会发生破坏（形成爆坑），将消耗部分爆炸能量；混凝土、岩石类的刚性地面，其反
射效应较地面为普通土壤时强。在此基础上，给出了爆炸空气冲击波入射超压的系列公式

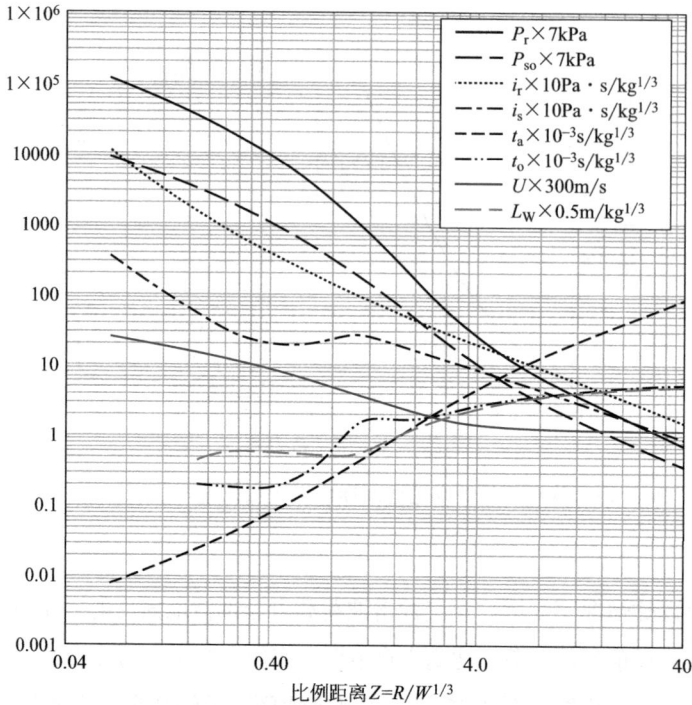

图 3.17　半球形药包地面自由爆炸情况下爆炸空气冲击波参数汇总图（UFC，2008）

（式 3.34～式 3.36），这组公式的比例距离需满足 $1 \leqslant Z \leqslant 10 \mathrm{m/kg^{1/3}}$。

$$P_{so} = \frac{84}{Z} + \frac{270}{Z^2} + \frac{700}{Z^3}, \quad \frac{H}{\sqrt[3]{W}} \geqslant 0.35 \tag{3.34}$$

当地面是混凝土、岩石类的刚性地面时，有：

$$P_{so} = \frac{106}{Z} + \frac{430}{Z^2} + \frac{1400}{Z^3}, \quad \frac{H}{\sqrt[3]{W}} \leqslant 0.35 \tag{3.35}$$

当地面是普通土壤时，有：

$$P_{so} = \frac{102}{Z} + \frac{399}{Z^2} + \frac{1260}{Z^3}, \quad \frac{H}{\sqrt[3]{W}} \leqslant 0.35 \tag{3.36}$$

假设地面为理想刚性表面，地面爆炸产生的空气冲击波侧向峰值超压正好是空中爆炸的 2 倍，即反射系数为 2。这是因为空中自由爆炸产生球形空气冲击，而地面爆炸只在城市上半球产生空气冲击波。实际上，地面爆炸的反射系数常小于 2，是因为爆炸形成爆坑并产生地表振动消耗能量的缘故。

应该指出，以上给出的爆炸冲击波参数是球形药包（在空中）或半球形药包（在地面）时的结果，爆炸源形状不同，其爆炸空气冲击波参数会有很大差别。附录 B 中给出了空中自由爆炸、近地爆炸和地面爆炸情况下爆炸冲击波参数的计算示例。

3.2.6 约束爆炸

约束爆炸指除地面外还有近爆源障碍物的爆炸，典型的约束爆炸场景如图 3.18 所示，按封闭特征可分为有邻近障碍物的空间、半封闭空间和完全封闭空间。

空气冲击波传播过程中遇到阻碍物时，会发生反射、折射和绕射等现象。对于室内爆炸，由于空气冲击波在壁面处反射时气体分子的动能瞬时转换为内能，气压迅速上升，使得空气冲击波荷载比自由场爆炸的空气冲击波荷载明显增大。

室内爆炸还需关注后燃现象。这主要是因为 TNT（$C_7H_5N_3O_6$）、二硝基甲苯（$C_7H_6N_2O_4$）等负氧平衡炸药发生爆炸时，所含氧元素不足以完全燃烧所含碳、氢，因此爆轰产物中含有较多一氧化碳等非完全燃烧产物，非完全燃烧产物在高温下和空气中的氧气发生化学反应，燃烧释放出额外能量，这种现象称为"后燃"。

在自由场或近地面爆炸中，由于冲击波的快速传播，局部高温环境持续时间短、不足以充分释放后燃能；且由于冲击波波速快于燃烧波阵面速度，所以后燃现象对远距离爆炸影响较小。而在封闭空间中（图 3.18b、c），长时间高温为后燃能的完全释放提供了可能，后燃引起的空气压力与冲击波叠加形成动压。

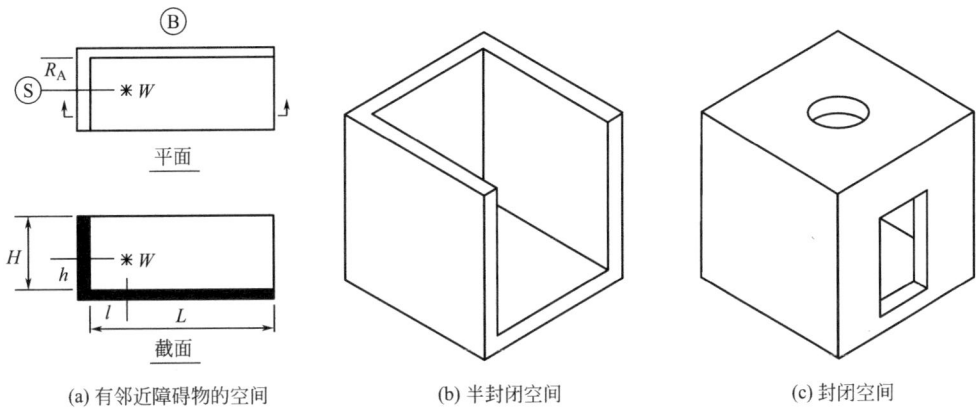

(a) 有邻近障碍物的空间　　　　(b) 半封闭空间　　　　(c) 封闭空间

图 3.18　典型的约束爆炸场景示意图（UFC，2008）

图 3.19（a）所示是典型约束爆炸冲击波超压和动压衰减曲线，初期主要为冲击波超压，振荡幅值较大，由多次反射造成。随着冲击波的不断传播，超压峰值逐渐衰减；后期叠加后燃效应形成动压，动压峰值（P_g）衰减平缓，衰减速率与房间洞口尺寸及壁面传热速率呈正比。

室内爆炸的动压峰值与单位空间体积炸药当量有关，如图 3.20 所示（适用范围是 $0 \leqslant A/\sqrt[3]{V^2} \leqslant 0.022$，$V$ 表示净空间体积，A 表示洞口面积）。室内爆炸的动压冲量一般比超压冲量大得多。

简化的约束爆炸壁面压力时程常采用图 3.19（b）的形式。

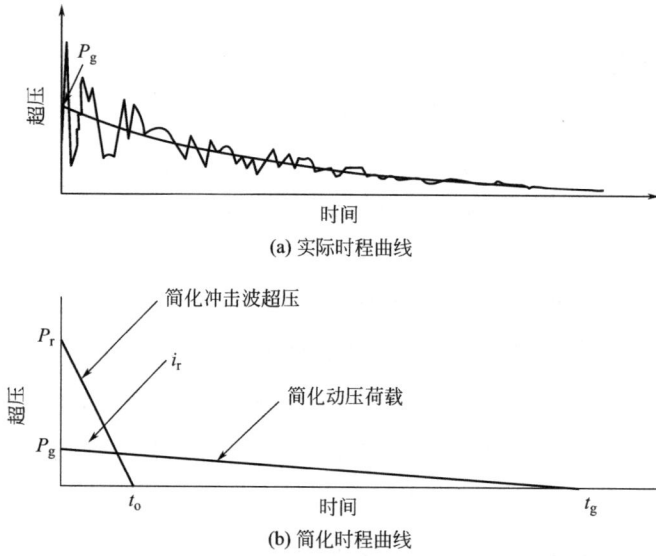

図 3.19 约束爆炸壁面反射超压和动压衰减曲线示意图 （UFC，2008）

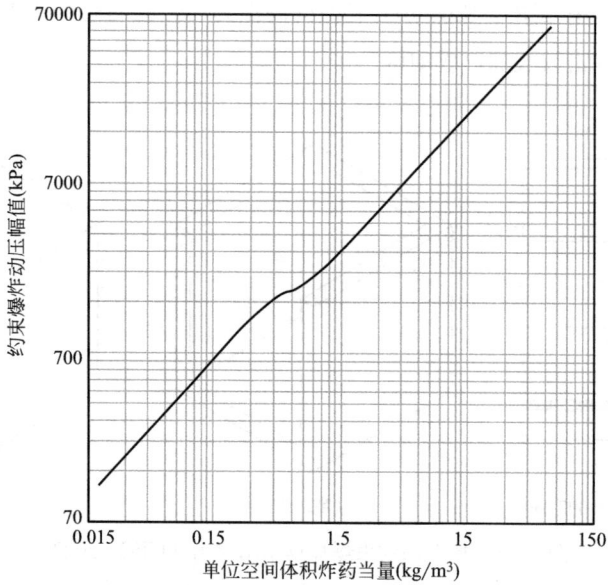

图 3.20 约束爆炸动压峰值与单位空间体积炸药当量关系 （UFC，2008）

3.3 地面结构物的爆炸作用

3.3.1 爆炸冲击波超压与动压的关系

爆炸空气冲击波在空气中传播时，将会形成如似双层球形的两个区域，外层为压缩区，内层为稀疏区。压缩区内空气压力大大超过正常大气压，为超压。同时由于空气受到压缩而往外流动，这种流动的空气在结构物表面上所产生的压力为动压。图 3.21 给出了爆炸空气冲击波动压峰值、质点流动速度和密度与入射冲击波超压关系曲线。

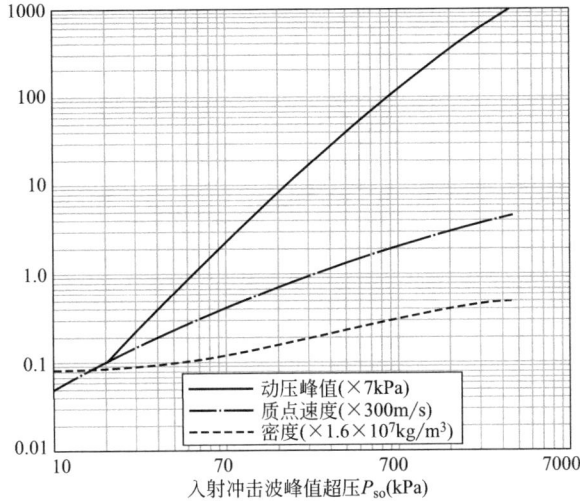

图 3.21　爆炸空气冲击波参数（动压峰值、质点流动速度和密度）与
入射冲击波超压关系曲线（UFC，2008）

3.3.2　地面结构物爆炸作用的确定

作用在结构上的爆炸作用包括入射空气冲击波压力、反射空气冲击波压力和动压，这些压力受地面和其他物体的反射作用，性质非常复杂。爆炸冲击波对结构作用的一般过程如图 3.22 所示，当冲击波碰到结构正面时会发生反射作用，压力迅速增长，然后冲击波绕过结构前进（绕射），对结构侧面和顶部产生压力，最后绕到结构的背后，对后表面产生压力，这样整个结构处于冲击波的包围之中。

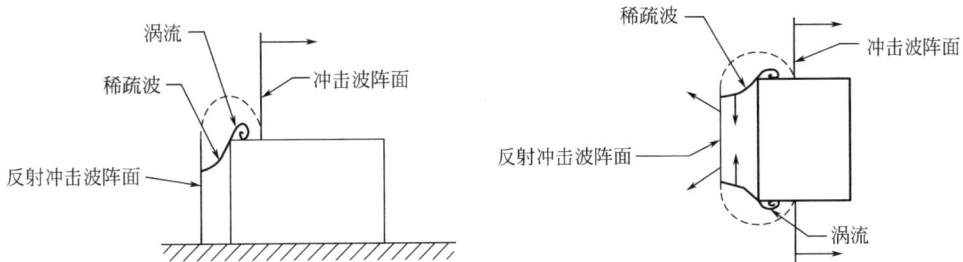

图 3.22　结构物受冲击波作用示意

作用在结构上的入射爆炸冲击波超压可采用图 3.23 所示的简化曲线。在图 3.23 中，P_{so}^- 为入射冲击波负超压峰值；t_o^- 为入射冲击波负超压持续时间；t_{of} 为简化线性荷载的正

压持续时间；t_{of}^- 为简化线性荷载的负压持续时间。

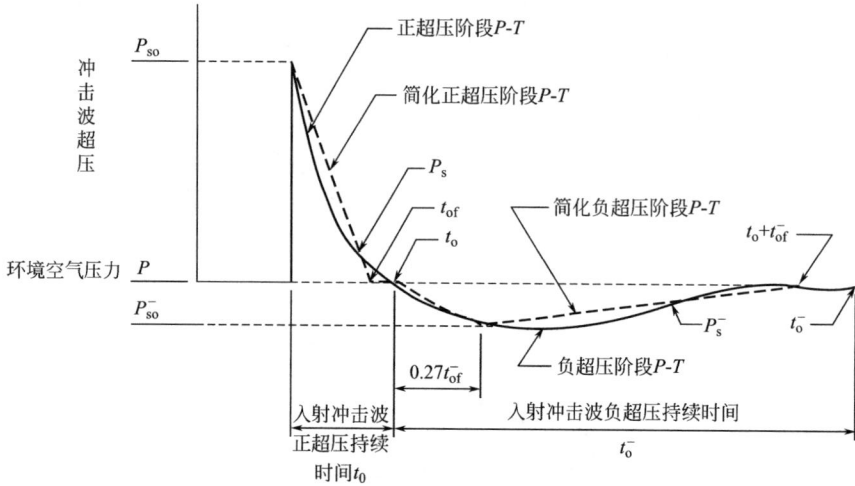

图 3.23 爆炸空气冲击波超压简化曲线（UFC，2008）

图 3.24 为结构迎爆面（正面）承受爆炸空气冲击波作用的示意图。图 3.25 为不同入射角的爆炸反射空气冲击波冲量。其中，t_{of} 为简化线性荷载的正压持续时间；P_{ra} 为斜反射超压；t_{rf} 为等效反射正超压作用时间；P_r^- 为负反射冲击波超压峰值；t_{rf}^- 为简化线性荷载的负反射超压持续时间；q_0 为动压峰值；C_D 为摇曳系数，这里取 $C_D=1.0$；H 表示结构的高度；W 表示结构的宽度。

图 3.24 中的时间参数可按下列公式确定：

$$t_{of}=\frac{2i_s}{P_{so}} \tag{3.37}$$

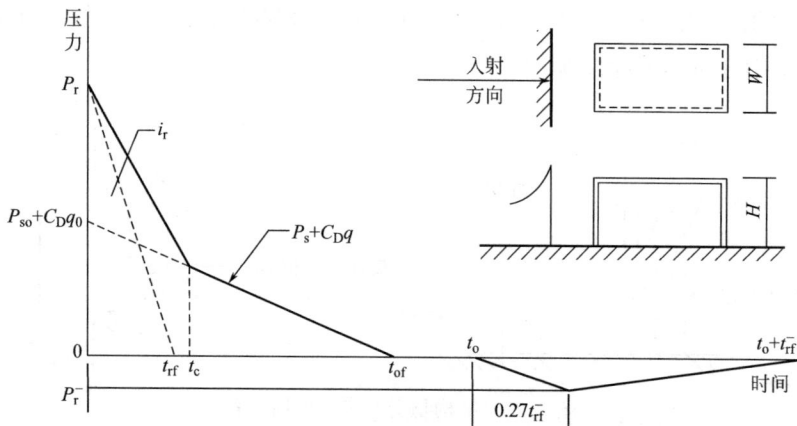

(a) 正反射

图 3.24 结构正面承受爆炸作用示意图（UFC，2008）（一）

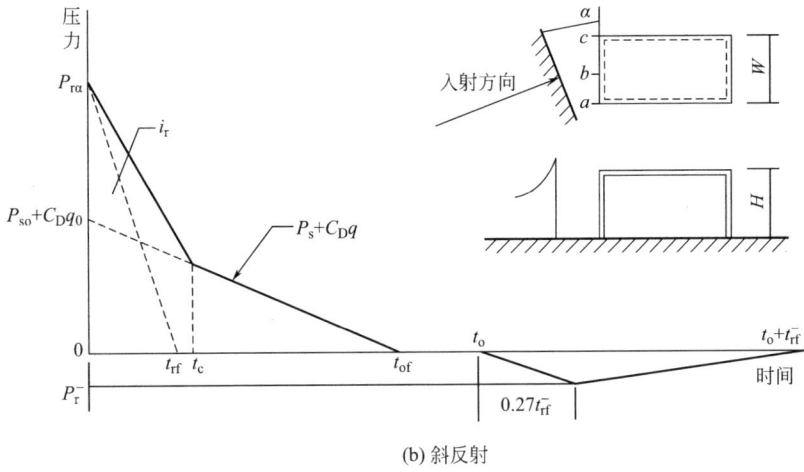

(b) 斜反射

图 3.24　结构正面承受爆炸作用示意图（UFC，2008）（二）

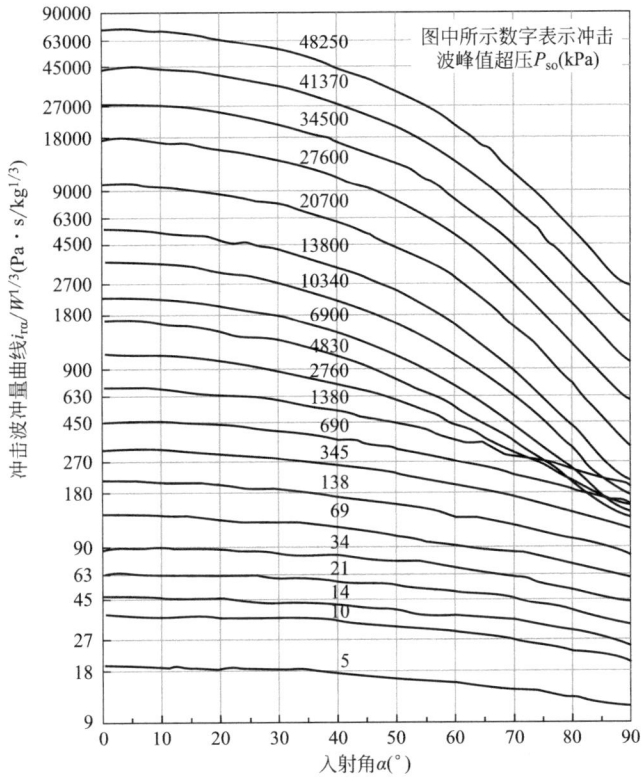

图 3.25　爆炸反射空气冲击波冲量曲线（UFC，2008）

$$t_{of}^- = \frac{2i_s^-}{P_{so}^-} \tag{3.38}$$

$$t_c = \frac{4S}{(1+R)c_r} \tag{3.39}$$

$$t_{rf} = \frac{2i_r}{P_r} \tag{3.40}$$

$$t_{rf}^- = \frac{2i_r^-}{P_r^-} \tag{3.41}$$

式中，S 取 H 和 $W/2$ 中的较小值，H 表示结构的高度；W 表示结构的宽度；$R = S/G$（G 取 H 和 $W/2$ 中的较大值）；c_r 为爆炸冲击波阵面声速，按图 3.26 确定。

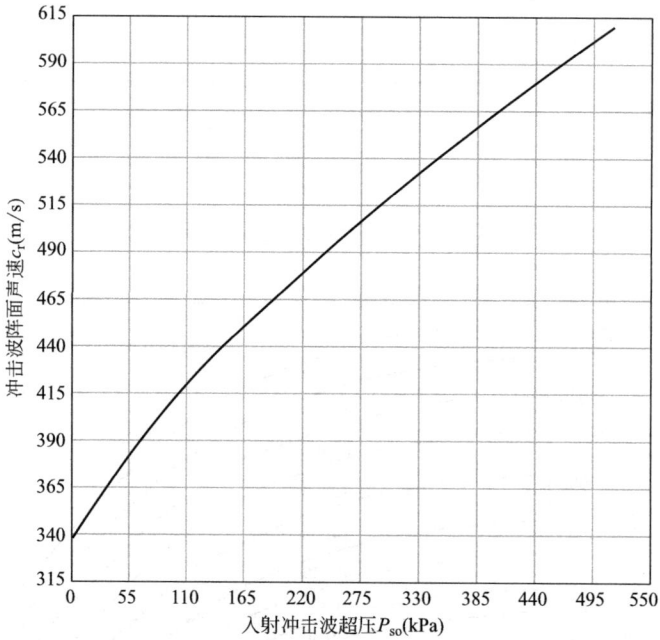

图 3.26　爆炸空气冲击波阵面声速与入射冲击波超压关系曲线（UFC，2008）

图 3.27 为结构侧面和顶面承受爆炸空气冲击波作用示意图。其中，P_R 表示作用在侧面

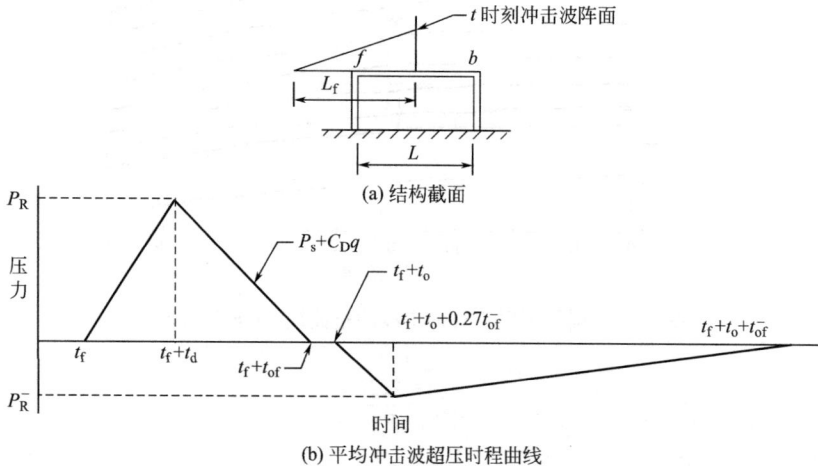

图 3.27　结构侧面和顶面承受爆炸空气冲击波作用示意图（UFC，2008）

和顶面的正超压峰值；L_f 表示代表点（以 f 点为例）处的正冲击波波长；t_f 表示冲击波到达代表点处（以 f 点为例）的时间；t_d 表示冲击波正超压达到极值所需的时间，按图 3.28 取值；t_{of} 表示冲击波正超压总持续时间，按图 3.29 取值；t_o 表示实际冲击波正超压总持续时间；t_{of}^- 表示冲击波负超压总持续时间；P_R^- 表示作用在侧面和顶面的负超压峰值，按下式计算：

$$P_R^- = C_P P_{sof} + C_D q_{of} \qquad (3.42)$$

式中，P_{sof} 表示代表点处的入射冲击波超压峰值（以 f 点为例）；q_{of} 表示代表点处的动压峰值（以 f 点为例）；C_D 代表摇曳系数，按表 3.7 取值；C_P 表示等效均布压力系数，按图 3.30 取值。

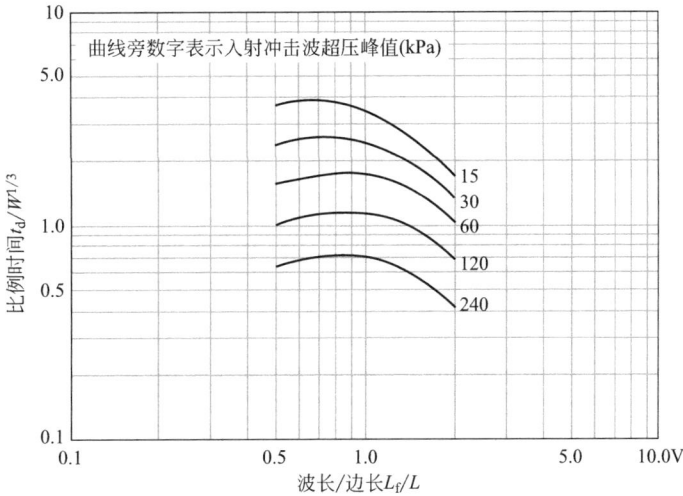

图 3.28 结构顶面和侧面爆炸作用中冲击波正超压达到极值的比例时间（UFC，2008）

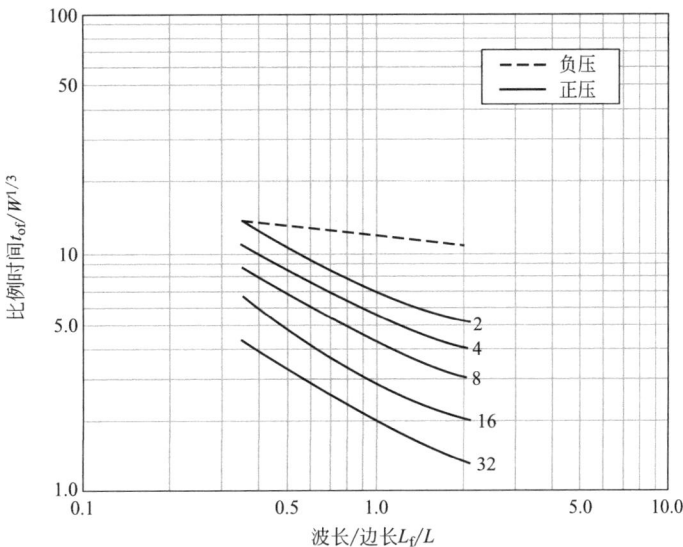

图 3.29 结构顶面和侧面爆炸作用中冲击波正超压总比例持续时间（UFC，2008）

用于计算结构侧面和顶面动压的摇曳系数 C_D 表 3.7

动压峰值（kPa）	摇曳系数 C_D
0～175	−0.40
175～350	−0.30
350～900	−0.20

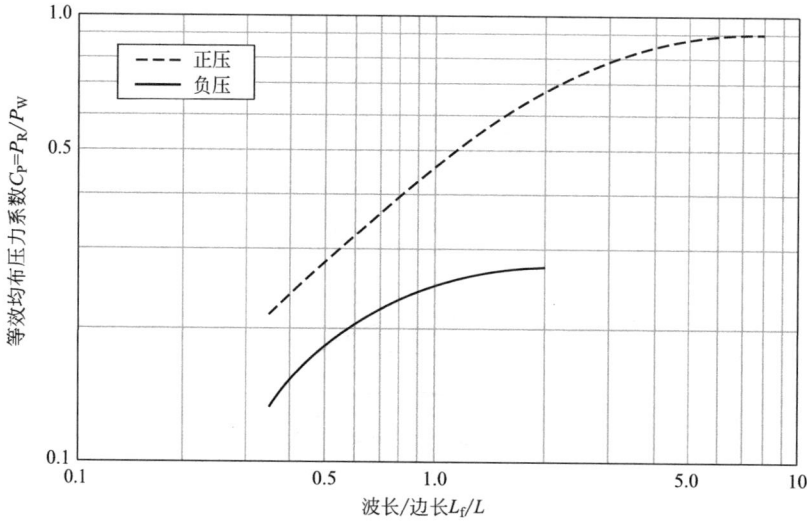

图 3.30　顶面和侧面等效均布压力系数

　　图 3.31 为结构背面承受爆炸空气冲击波作用的示意图。结构背面承受的爆炸空气冲击波作用时程曲线与结构侧面和顶面相似，图 3.31 取 b 点为代表点，各参数的物理意义与图 3.27 类同。

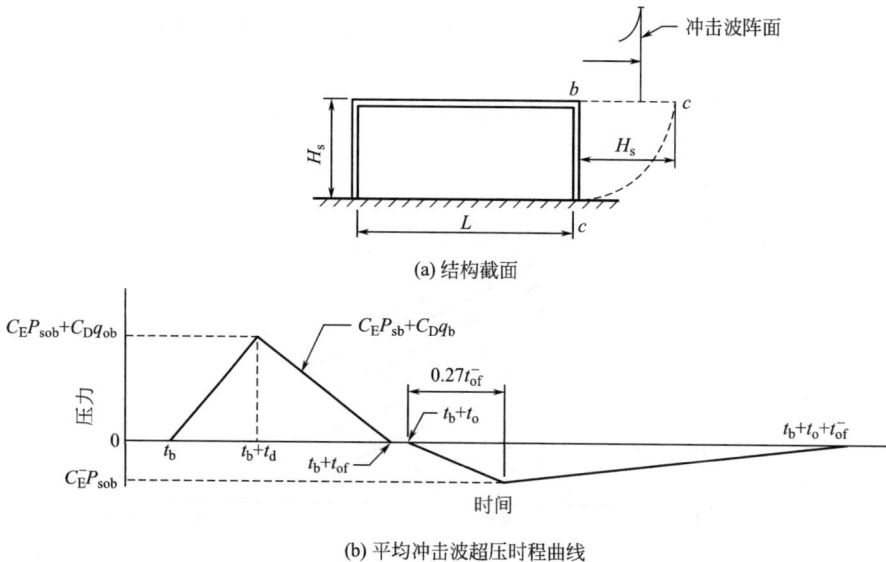

(a) 结构截面

(b) 平均冲击波超压时程曲线

图 3.31　结构背面承受爆炸作用示意图（UFC，2008）

　　附录 C 给出了地面结构物爆炸作用的计算示例，供读者参考。

　　除了考虑作用在结构物各个表面上的爆炸作用外，还应注意作用在整个结构物的净爆炸作用，即为作用在结构正面的爆炸作用减去结构背面的爆炸作用。在爆炸冲击波绕射过程中，净爆炸作用是很大的，因为爆炸开始时，结构正面所受的冲击波压力是反射压力，而结构背面并没有荷载。当冲击波绕射完成时，作用于结构正面和背面的超压荷载基本相等，此时整体结构的净爆炸作用是由结构正面和背面上的动压拖曳力差造成的，数值相对较小。

　　完成冲击波绕射过程所需要的时间取决于结构物的大小，而不取决于入射波的作用时间，因而入射波超压绕射所造成的结构净爆炸作用取决于结构物的大小。而动压引起的拖曳力的大小则取决于结构物的形状和入射冲击波的作用时间。因而可得出这样的结论：对于受持续时间很短的冲击波作用的大型结构物，在冲击波绕射过程中结构正面与背面超压差对整体结构的净爆炸作用比动压拖曳力差更重要；而当结构物较小时，或者当冲击波作用时间较长时，结构正面与背面的动压拖曳力差对整体结构的净爆炸作用就变得更为重要。

3.4　其他意外爆炸

3.4.1　可燃性气体爆炸和爆炸极限

　　可燃性气体或粉尘的氧化反应一般是以燃烧的形式来实现的，其燃烧传播如图 3.32 所示。燃烧的传播速度非常低，例如甲烷的燃烧速度一般为 0.448m/s，丙烷的燃烧速度一般为 0.464m/s，乙炔的燃烧速度一般为 1.55m/s。

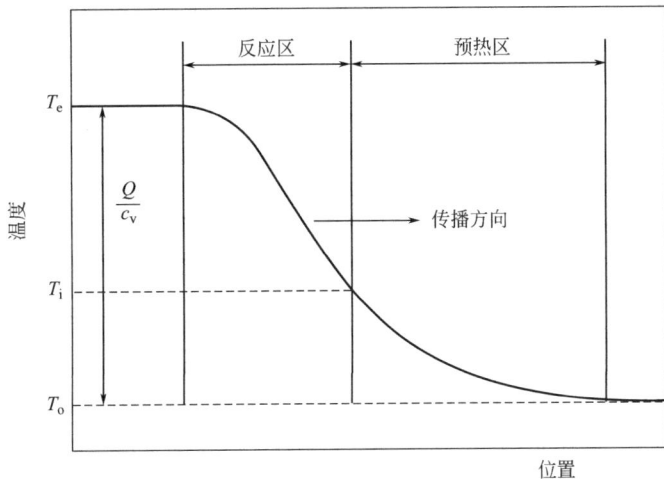

图 3.32　燃烧传播示意图

在燃烧稳定传播的情况下，不会发生爆炸现象，燃烧转化成爆炸是由于燃烧的不稳定传播造成的，主要是由于湍流现象造成燃烧转化成爆轰。可燃性气体或粉尘的氧化反应类型与初始点燃能量有关，表3.8给出了几种常见可燃性气体发生燃烧或爆炸时所需的点燃能量。可以看出，爆炸所需的点燃能量非常大，一般不会发生爆炸。可燃性气体爆炸的传播速度一般为1700～2100m/s，爆炸时产生的压力可达1.8～2.2MPa。

常见可燃气体燃烧与爆炸的点燃能量

表 3.8

气体名称	燃烧所需点燃能量(MJ)	爆炸所需点燃能量(MJ)
乙烯	0.007	1.29×10^5
丙烷	0.25	2.5×10^9
甲烷	0.28	2.3×10^{11}

在实际应用中，采用爆炸极限来定义可燃性气体或粉尘发生爆炸的条件。可燃物质（可燃气体、蒸气和粉尘）与空气（或氧气）必须在一定的浓度范围内均匀混合，形成预混气体，遇着火源才会发生爆炸，这个浓度范围称为爆炸极限，或爆炸浓度极限。可燃性混合物能够发生爆炸的最低浓度和最高浓度，分别称为爆炸下限和爆炸上限。在低于爆炸下限时不爆炸也不着火，在高于爆炸上限不会发生爆炸，但会着火。

气体或蒸气爆炸极限的单位，是以混合物中所占体积的百分比（%）来表示的，如氢与空气混合物的爆炸极限为4%～75%；可燃粉尘的爆炸极限是以混合物中所占体积的质量比（g/m^3）来表示的，例如铝粉的爆炸极限为40g/m^3。可燃性蒸气的爆炸极限是由可燃液体表面产生的蒸气浓度决定的。对于可燃液体而言，爆炸下限浓度对应的闪点温度又可以称为爆炸下限温度，爆炸上限浓度对应的液体温度又可以称为爆炸上限温度。

可燃性混合物的爆炸极限范围越宽、爆炸下限越低和爆炸上限越高，其爆炸危险性越大。这是因为爆炸极限越宽则出现爆炸条件的机会就多，爆炸下限越低则可燃物稍有泄漏就会形成爆炸条件，爆炸上限越高则有少量空气渗入容器，就能与容器内的可燃物混合形成爆炸条件。应当指出，可燃性混合物的浓度高于爆炸上限时，虽然不会爆炸，但当它从容器或管道里逸出，重新接触空气时却能燃烧，仍有着火的危险。为了更加科学地进行分析比较，又提出了爆炸危险度这个指标，它综合考虑了爆炸下限和爆炸范围两个方面。爆炸危险度＝（爆炸上限浓度－爆炸下限浓度）/爆炸下限浓度；可燃气体爆炸危险度越大，则其燃爆危险性越大。

爆炸极限是一个很重要的概念，在防火防爆工作中有很大的实际意义：（1）其可以用来评定可燃气体（蒸气、粉尘）燃爆危险性的大小，作为可燃气体分级和确定其火灾危险性类别的依据；我国目前把爆炸下限小于10%的可燃气体划分为一级可燃气体，其火灾危险性列为甲类。（2）其可以作为设计的依据，例如确定建筑物的耐火等级，设计厂房通风系统等，这些都需明确该场所存在的可燃气体（蒸气、粉尘）的爆炸极限数值。（3）其可以作为制定安全生产操作规程的依据，在生产、使用和贮存可燃气体（蒸气、粉尘）的场所，为避免发生火灾和爆炸事故，应严格将可燃气体（蒸气、粉尘）的浓度控制在爆炸下限以下。为保证这一点，在制定安全生产操作规程时，应根据可燃气体（蒸气、粉尘）的燃爆危险性和其他理化性质，采取相应的防范措施，如通风、置换、惰性气体稀释、检测报警等。表3.9给出了一些常见可燃气体的爆炸极限。

常见可燃气体的爆炸极限   表3.9

气体名称	爆炸极限(体积%)		相对密度 (空气=1)	发火点(℃)
	下限	上限		
甲烷	5	15	0.55	537.8
乙烷	3	15.5	1.406	515
丙烷	2.2	9.5	1.56	467
丁烷	1.9	8.5	2	—
乙烯	3.1	32	—	—
丙烯	2.4	10.3	—	—
乙炔	1.5	100	0.906	305
氢气	4.0	75	0.069	585
一氧化碳	12.5	74	0.967	608
天然气	5	15	—	<1
液化石油气	3	—	—	>1
城市煤气	4	30	0.4	—
炉煤气	30	75	—	—
汽油	1.2	7.5	3～4	260
煤油	0.7	5	4～5	210
酒精	3.3	19	1.58	392
乙醇	3.3	19	1.59	363
甲醇	5.5	44	7.11	385
丙酮	2.15	13	2.0	—
甲醛	7	73	—	—
苯	1.2	8	—	—
甲苯	1.2	7	—	—
二甲苯	1.0	7.6	—	—
正己烷	1.2	7.4	—	—

影响爆炸极限的因素有许多：混合系的组分不同，爆炸极限也不同；即使同一混合系，初始温度、系统压力、惰性介质含量、混合系存在空间及器壁材质以及点火能量的不同等都

能使爆炸极限发生变化。混合系原始温度升高，则爆炸极限范围增大，即下限降低、上限升高，因为系统温度升高，分子内能增加，使原来不燃的混合物成为可燃、可爆系统。系统压力增大，爆炸极限范围也扩大；这是由于系统压力增高，使分子间距离更为接近，碰撞概率增高，使燃烧反应更易进行。压力降低，则爆炸极限范围缩小，当压力降至一定值时，其上限与下限重合，此时对应的压力称为混合系的临界压力；压力降至临界压力以下，系统便不是爆炸系统（个别气体有反常现象）。混合系中所含惰性气体量增加，爆炸极限范围缩小，惰性气体浓度提高到某一数值，混合系就不发生爆炸。容器、管子直径越小，则爆炸范围就越小；当管径（火焰通道）小到一定程度时，单位体积火焰所对应的固体冷却表面散出的热量就会大于产生的热量，火焰便会中断熄灭；火焰不能传播的最小管径称为该混合系的临界直径。点火能的强度高、热表面的面积大、点火源与混合物的接触时间不等都会使爆炸极限扩大。除上述因素外，混合系接触的封闭外壳的材质、机械杂质、光照、表面活性物质等都可能影响到爆炸极限范围。

3.4.2　粉尘爆炸

粉尘爆炸指当一定浓度的可燃粉尘分散在助燃环境中，在有限的空间内被适当的点火能量点燃后发生的爆炸现象。粉尘粒子表面通过热传导和热辐射，从点火源获得点火能量，使表面温度急剧上升；达到粉尘粒子的加速分解温度或蒸发温度，形成粉尘蒸气或分解气体。这种气体与空气混合而生成爆炸性混合气体，就能引起点火。粉尘粒子本身从表面一直到内部（直到粒子中心点），相继发生熔融和气化，迸发出微小的火花，成为周围未燃烧粉尘的点火源，使粉尘着火，从而扩大爆炸火焰范围。粉尘爆炸下限是粉尘发生爆炸的最小浓度界限，粉尘只有在这个浓度之上，在遇到火源的情况下才有可能发生爆炸。对于粉尘的爆炸上限，还没有很好的测定办法。粉尘云最低着火温度是使粉尘云燃烧的最低温度。粉尘云最低着火温度是粉尘爆炸中的一个特征参数，对评价粉尘云爆炸敏感度具有重要意义，也是进行防爆工艺改进和选择防爆设备的重要依据。

与可燃气混合气爆炸相比，粉尘爆炸具有以下特点：只有达到一定浓度（达到或超过爆炸下限）的漂浮粉尘云才可能发生爆炸，而要达到这个条件需要有一定数量的粉尘并且有外力（如风或机械力）将粉尘扬起，而可燃气体通过自然扩散就可能形成爆炸性混合物；粉尘燃烧是一种固体燃烧，其燃烧过程比气体复杂，点燃粉尘所需的初始能量也比点燃气体的大得多（相差近百倍）；一般说来，与可燃气体爆炸相比，粉尘爆炸燃烧的时间长，产生的能量大，造成的破坏及烧毁的程度比较严重；粉尘爆炸引起的冲击波，会使周围的堆积粉尘飞扬起来，从而可连续引起二次、三次爆炸，使得危害扩大；粉尘容易引起不完全燃烧，因此在产物气体中含有大量一氧化碳，有发生一氧化碳中毒的危险；粉尘爆炸时因为粒子一边燃烧一边飞散，容易使周围人体受到灼伤。

3.4.3 意外爆炸的等效 TNT 法

对于可燃性气体或粉尘爆炸空气冲击波荷载的计算方法与高能炸药相似，常用的有理论分析方法、试验方法和数值模拟方法，比较简单的是等效 TNT 法：

$$W_{TNT} = \alpha_E \frac{W_f E_f}{E_{TNT}} = \alpha_m W_f \tag{3.43}$$

其中，W_f 表示可燃性气体的重量；W_{TNT} 表示等效 TNT 重量；E_f 表示可燃性气体的能量；E_{TNT} 表示 TNT 能量；α_E 表示 TNT 能量等效系数；α_m 表示 TNT 质量等效系数。

等效 TNT 法的关键是 TNT 能量等效系数 α_E 和 TNT 质量等效系数 α_m 的确定。表 3.10 表示几种常见可燃气体的 TNT 能量等效系数和 TNT 质量等效系数。

几种常见可燃气体等效 TNT 重量 表 3.10

气体名称	能量比 H_f/H_{TNT}	α_E	α_m
碳氢化合物	10	0.04	0.4
环氧乙烷	6	0.10	0.6
氯乙烯	4.2	0.04	0.16
乙炔	6.9	0.06	0.4

3.5 物理-数据耦合驱动的复杂场景爆炸荷载快速预测

受限于冲击波传播过程中表现出的强非线性行为及与环境的强耦合作用，经验公式等传统方法难以准确计算城市街区及建筑内部等复杂环境下的爆炸荷载，而精细化的数值方法需要较高的计算代价。近年来，深度学习的快速发展为复杂场景爆炸荷载快速预测提供了新的方法。深度学习网络可基于数据集及损失函数建立不同模态及不同维度的数据关系，基于千、兆甚至亿级的模型参数实现高精度的数据映射。

深度学习方法（图 3.33）最初被用于预测特定爆炸场景下的冲击波到达时间、最大超压峰值、总冲量等离散荷载特征。近年来，学者们通过引入先验物理模型等维度压缩算法，有效降低了映射复杂度，建立了荷载时程及压力云图演化过程的预测模型，包括基于主成分分析的压力时程高维特征压缩和多层感知机网络的爆炸荷载时程预测、基于 U-Net 网络并融合几何信息的爆炸流场超分辨重构、基于图神经网络的爆炸流场演化预测。

尽管近年来基于深度学习方法的爆炸荷载预测取得了一定进展，依然有相当多的难题有待解决。在复杂环境中，结构表面的荷载通常难以基于显式的物理方程描述，进而难以在深度学习模型中显式嵌入强物理约束，因此当前的爆炸荷载深度学习模型在训练集外的爆

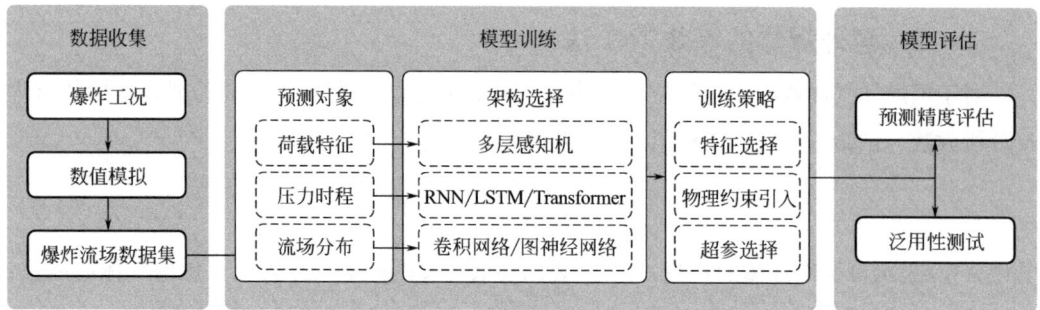

图 3.33 基于物理-数据耦合驱动的深度学习模型训练及评估

炸工况中常表现出性能退化。此外，现有的深度学习预测模型往往只针对特定的复杂场景，其通用性依然受限。可以预计的是，未来采用具有更强模态融合能力的深度学习网络架构，充分利用冲击波传播的物理机制并实现多维数据的融合表征，有望提出具有高度通用性的三维复杂空间爆炸荷载预测模型，实现低计算代价下爆炸荷载的高精度预测，进而推动公共安全体系进入全新的智能化时代。

思考题

1. 简述爆炸的定义。
2. 简述爆炸和燃烧的区别。
3. 简述爆炸的内部问题、外部问题和相互作用问题的主要内容。
4. 说明空气冲击波随距离衰减的主要原因。
5. 说明空气冲击波的等效线性化时，两种简化方法的适用范围。
6. 简述爆炸相似定律的主要内容。
7. 简述空气冲击波反射的几种类型以及适用范围。
8. 说明自由爆炸和约束爆炸的主要区别。
9. 解释不同介质中引起爆炸压力波差异的主要因素。

第4章
材料动力特性

4.1 应变率效应及试验方法

通常把应变速率定义为应变随时间的变化率，可以通过应变对时间的导数确定，如式（4.1）所示，单位是时间的倒数，简称为应变率。在爆炸和冲击荷载作用下，防护结构材料经历快速变形，与静荷载材料试验相比，应变速率相差可为若干数量级。材料快速加载试验表明，随着应变速率的提高，材料内部发生了一系列物理变化，反应性材料或含能材料还会发生化学变化，其应力-应变关系更加复杂；材料的力学特征参数，例如弹性模量、强度、极限应变等均有不同程度的变化，称为应变率效应。

$$\dot{\varepsilon} = \frac{\partial \varepsilon}{\partial t} \tag{4.1}$$

表4.1为常见荷载作用下结构材料的应变率，表4.2描述了不同加载速率的材料性能。由表4.2可知，当应变速率小于 10^{-6} 时，材料主要表现为蠕变性能；当应变速率为 $10^{-6} \sim 10^{-2}$ 时，材料表现为准静态性能；当应变速率超过 10^5 时，主要表现为高速冲击引起的应力波传播下的平面应变特征。在很高应变速率和极短作用时间条件下，材料必须考虑热动力学的影响。为了充分发挥材料的潜在承载能力，使防护结构设计得既安全可靠，又经济合理，需考虑结构材料的动力特性。

常见荷载作用下结构材料的应变率 表 4.1

荷载类型	交通荷载	地震	打桩	汽车碰撞	爆炸等高速碰撞
应变率(s^{-1})	$10^{-6} \sim 10^{-4}$	$10^{-3} \sim 10^{-1}$	$10^{-2} \sim 10^0$	$10^0 \sim 10^1$	$10^2 \sim 10^6$

不同加载速率的材料性能描述 表 4.2

特征时间(s)	$>10^6$	$10^2 \sim 10^6$	$10^{-2} \sim 10^2$	$10^{-5} \sim 10^{-2}$	$<10^{-5}$
应变速率(s^{-1})	$<10^6$	$10^{-6} \sim 10^{-2}$	$10^{-2} \sim 10^2$	$10^2 \sim 10^5$	$>10^5$
形变类型	蠕变	准静态	中等应变速率	杆冲击	高速冲击
加载方法	恒载或恒应力	液压或机械加载	气压或机械传动加载	机械或爆炸撞击	轻气枪或爆破冲击

续表

	恒 $\dot{\varepsilon}$ 蠕变	恒 $\dot{\varepsilon}$ 试验	试样与试验机共振	弹塑性波传播	冲击波传播
试验的动态特征	忽略惯性力		惯性力重要		
	恒温过程		绝热过程		
	平面应力				平面应变

在进行材料动态试验时，要获得的应变率与试验方法有着密切的关系。图 4.1 表示各类动态测试试验方法和应变率的关系。常用的动态试验方法包括分离式霍普金森压杆（SHPB）、霍普金森拉杆（SHTB）、平板撞击（Plate Impact）、膨胀环技术（Expanding Ring Test）和现场爆炸测试等。

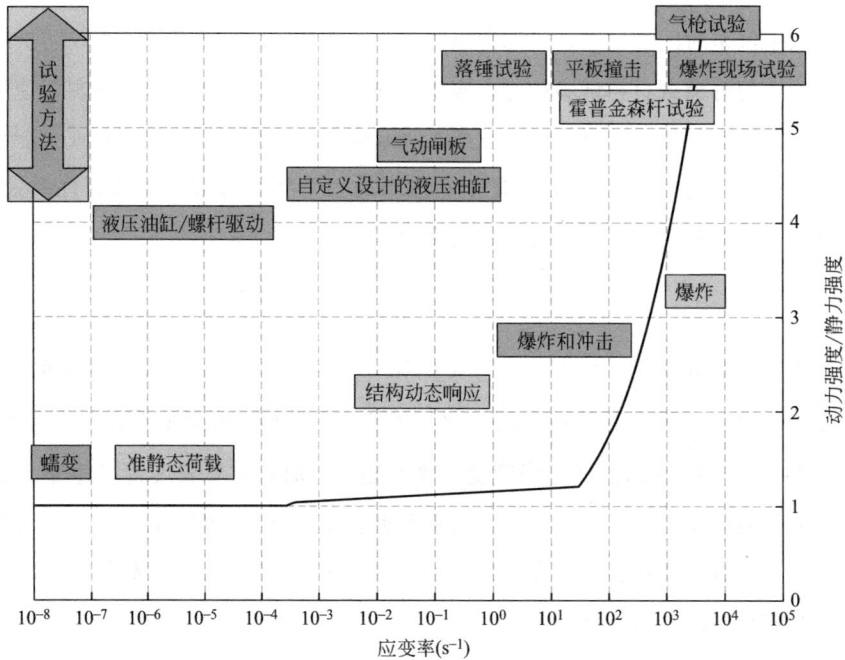

图 4.1 动态测试应变率和试验方法的分类图（Chen，2014）

1. 分离式霍普金森压杆（SHPB）

1872 年，J. Hopkinson 提出的铁丝冲击拉伸试验证明了金属丝在简单动态拉伸下比静态拉伸状态下可承受更大的荷载。1914 年，J. Hopkinson 之子 B. Hopkinson 设计了一套霍普金森压杆试验装置，把测量冲量的弹道摆的长杆分成一长一短，从而可用于实测爆炸冲击载荷随时间变化的实际波形，这在当初尚无示波器等测试仪器的情况下是一种创新。

霍普金森压杆本质上是一种弹性杆技术，在杆的一端施加未知的压力-时间荷载，产生一个弹性波在杆中传播，弹性波通过试件时，使试件发生塑性变形。通过正确的测试技术，应用弹性波理论可以在杆的输入、输出端记下扰动波的应变等参量，由于压杆保持弹性状态，不仅可以测试施加的荷载，也可以测试杆端的位移。试件、杆和荷载之间可以有不同的位置安排。霍普金森压杆如图 4.2 和图 4.3 所示，被广泛应用于应变率为 $10^2 \sim 10^4 \, s^{-1}$ 时的材料动力特性研究。

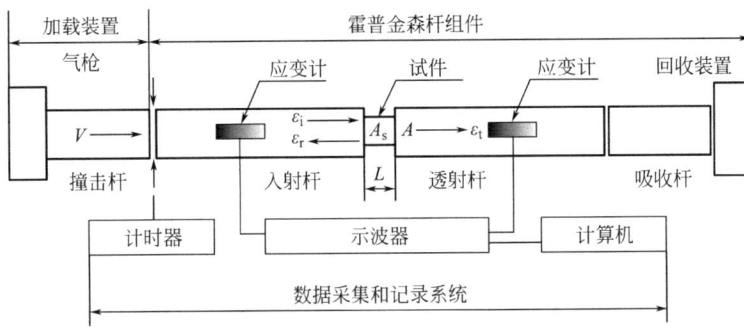

图 4.2 SHPB 示意图（Kolsky，1949）

图 4.3 SHPB 实物图

SHPB 试验技术的基础理论主要涉及高应变率试验中的惯性效应和应变率效应。相对于传统的准静态固体力学，其难点还在于两者是相互耦合的。SHPB 试验技术建立在两个基本假定上：一维应力波假定和试件应力均匀分布（动态平衡）假定。这两个基本假定可使 SHPB 试验过程中的惯性效应和应变率效应解耦，从而使问题得以简化。一维应力波假定意味着应力波在压杆和试件中传播时的二维弥散等效应可以忽略不计，又由于压杆本身是线弹性材料而无须考虑其应变率效应；均匀假定则可将试件在高应变率下按准静态过程处理，忽略试件本身的惯性效应。

基于 SHPB 试验技术的第 1 个基本假定（一维应力波假定）所获得的 SHPB 试验数据处理公式为：

$$\dot{\varepsilon} = \frac{c_0}{l_s} [\varepsilon_i(t) - \varepsilon_r(t) - \varepsilon_t(t)] \tag{4.2}$$

$$\varepsilon = \frac{c_0}{l_s} \int_0^t [\varepsilon_i(t) - \varepsilon_r(t) - \varepsilon_t(t)] dt \tag{4.3}$$

$$\sigma = \frac{A_0}{2A_s} E_0 [\varepsilon_i(t) + \varepsilon_r(t) + \varepsilon_t(t)] \tag{4.4}$$

式中，$\varepsilon_i(t)$、$\varepsilon_r(t)$ 和 $\varepsilon_t(t)$ 分别为入射杆中入射、反射波和透射杆中透射波的应变波形；A_0 为杆的横截面面积；E_0 和 c_0 分别为压杆材料的杨氏模量和弹性波波速；A_s 和 l_s 分别为试件的原始横截面面积和长度。式（4.2）~式（4.4）即所谓的三波法基本公式。

基于 SHPB 试验技术的第 2 个基本假定（试件应力均匀分布假定），即有：

$$\varepsilon_i(t) + \varepsilon_r(t) = \varepsilon_t(t) \tag{4.5}$$

将式（4.5）代入式（4.2）~式（4.4）后，则可进一步简化为：

$$\dot{\varepsilon} = -2 \frac{c_0}{l_s} \varepsilon_r(t) \tag{4.6}$$

$$\varepsilon = -2 \frac{c_0}{l_s} \int_0^t \varepsilon_r(t) dt \tag{4.7}$$

$$\sigma = \frac{A_0}{A_s} E_0 \varepsilon_t(t) \tag{4.8}$$

此即所谓的二波法基本公式。

2. 霍普金森拉杆（SHTB）

SHTB 原理和 SHPB 原理相近，仅是透射杆的压缩波变为了拉伸波。经过 J. Harding 等人的不断改进，1981 年由 Nicholas 提出的反射式 SHTB 装置取得较好的成功，该装置由两个霍普金森长杆及肩套组成。试验中，压缩波经过入射杆、试样、透射杆，在透射杆末端形成反射波，该反射波是拉伸波，原本 SHPB 的入射杆变为 SHTB 的透射杆。其装置见图 4.4。随后，Staab 等发明能量预储式霍普金森拉杆，提出了预拉式 SHTB 装置，Nemat-Nasser 研制出带有吸收杆能实现单次加载的直接拉伸式霍普金森拉杆装置。SHTB 已被广泛应用于岩石、橡胶、纤维增强复合材料等。

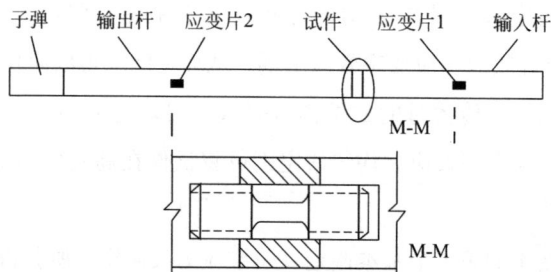

图 4.4 反射式 SHTB 简图（Nicholas，1981）

3. 平板撞击

图 4.5 是平板撞击试验的装置示意图，平板撞击也是一种层裂试验，其加载和测试需要满足两个前提条件：（1）冲击波是平面波；（2）冲击波是均匀的。冲击压缩试验由轻气炮加载，当飞片与样品接触，飞片内部由接触面产生左行冲击波，如图 4.5 所示，试样的自由面质点速度历程 $u(t)$ 采用 VISAR（Velocity Interferometer System for Any Reflector，一种波剖面测试技术）测试得到，根据该曲线计算样品的层裂强度和拉伸应变率等参量，飞片速度采用刷子探针进行测试。该方法得到的应变率能够达到 $10^6 \sim 10^8\,\mathrm{s}^{-1}$。

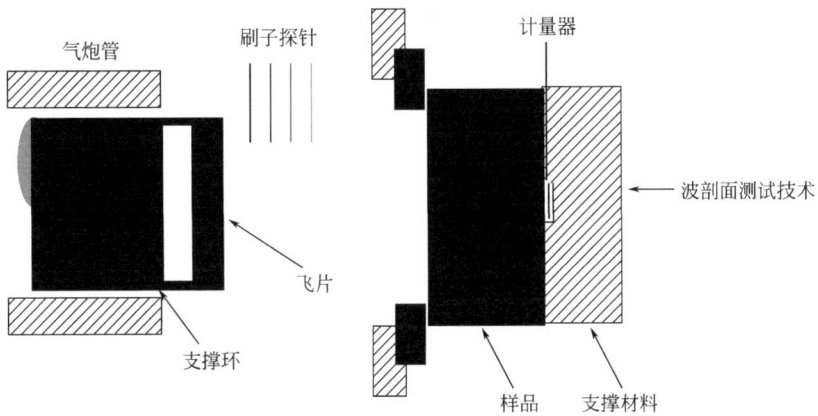

图 4.5 平板撞击试验的装置示意图（Walsh，1957）

4. 膨胀环技术

由 Johnson 等人引入的膨胀环技术也是一项取得实质性成功的测试技术。图 4.6 表示膨

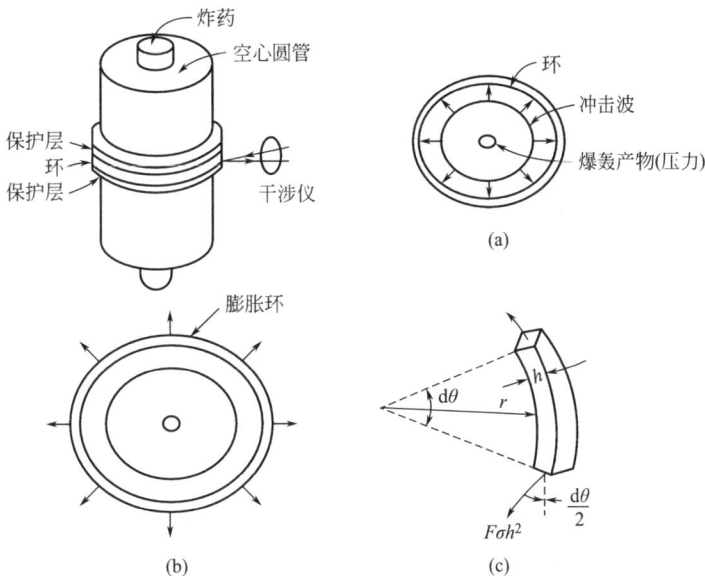

图 4.6 膨胀环技术（Johnson，1963）

胀环的一种安装形式。在钢筒内的中心放置炸药，爆炸后，冲击波向外传播并传入金属环，沿膨胀半径的轨迹推动金属环。应用激光干涉法可以测定膨胀环的速度历程，从而确定在所施加应变率下膨胀环的应力-应变曲线。

4.2　常用材料动力特性

4.2.1　金属材料动力特性

定义金属材料的应变速率为：

$$\begin{cases} \dot{\varepsilon} = \varepsilon_u / t_u \\ \dot{\varepsilon} = \varepsilon_y / t_y \end{cases} \tag{4.9}$$

式中，ε_u、ε_y 分别为材料极限应变和屈服应变；t_u、t_y 是从材料开始变形到极限变形和屈服变形所用的时间。

图 4.7 给出了金属材料在不同应变速率下试验得出的应力-应变关系曲线，由试验结果可以得出金属材料在动力荷载作用下具有以下特点：

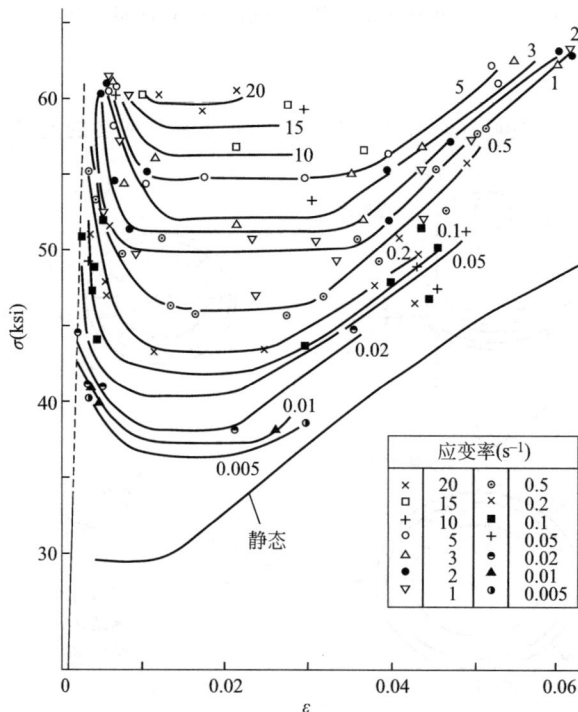

图 4.7　金属材料动态加载应力-应变关系曲线图（Marsh，1963）

（1）屈服强度随应变速率的提高而显著提高，并且屈服强度的出现有滞后现象；

（2）瞬时应力随应变率的提高而提高，即在同一应变下，动应力高于静态应力，两者之间的差称为过应力；

（3）固体材料对应变率历史是有记忆性的，称为应变率历史效应；

（4）静力屈服强度低的钢材，快速变形下屈服强度提高较多，反之较少；

（5）应变率变化对钢材极限强度、弹性模量影响较小，钢材拉压强度随应变率变化规律相同。

对于金属类材料，可以用 Cowper-Symonds 方程表示材料拉、压屈服强度的应变率效应：

$$\frac{f_{\mathrm{dy}}}{f_{\mathrm{sy}}}=1+\left(\frac{\dot{\varepsilon}}{B_1}\right)^{\frac{1}{B_2}} \tag{4.10}$$

其中，f_{dy} 为金属材料动拉、压屈服强度；f_{sy} 为金属材料静拉、压屈服强度；B_1、B_2 为材料系数；$\dot{\varepsilon}$ 为应变率；对于软钢，可以取 $B_1=40.4\mathrm{s}^{-1}$、$B_2=5$。

塑性变形滞后现象，是金属材料快速变形下屈服强度提高的主要原因。在快速加载的情况下，金属应力超过静力屈服强度时，材料没有立即进入塑性流动阶段，在一段时间内仍保持弹性状态。金属的这种性质，被称为塑性变形滞后。低碳钢在快速加载时的塑性变形滞后现象非常明显。

晶格位错理论可以很好地解释金属材料塑性变形的滞后现象，从微观的材料性质预测快速变形下材料的动力性质。晶格位错理论，是研究结晶材料塑性应变和原子构造之间关系的学说。位错是晶格的线缺陷，刃型位错和螺型位错是其两种基本的形式，具体如图 4.8 和图 4.9 所示。1934 年，Talyor 等为解释实测的晶体临界切应力值和理论计算值相差甚远的现象，提出了晶格中存在位错的假设，认为晶体的位错在应力场作用下容易滑移，并可以使晶体产生塑性变形。位错在适当条件下会产生运动，如弯曲的位错线在线张力作用下会自动缩短伸直；如位错所在滑移面受切应力作用时，位错会克服阻力而产生滑移运动。位错的运

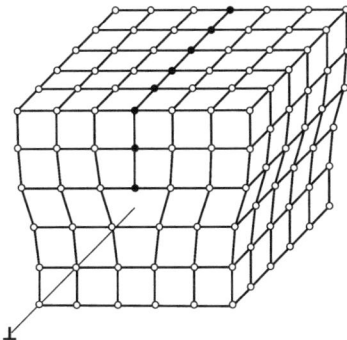

图 4.8　刃型位错（Messerschmidt，2010）　　　　　　图 4.9　螺型位错（Messerschmidt，2010）

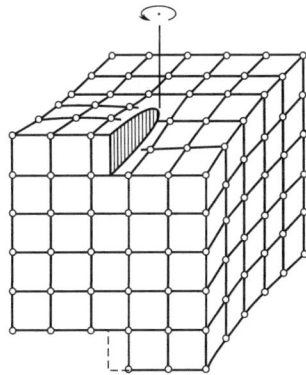

动方式有两种，一种是滑移运动；另一种是攀移运动。位错的滑移运动不会使晶体体积发生改变，而攀移运动会使晶体体积发生变化。试验中单晶体拉伸变形后，表面会产生许多滑移带。滑移带中含有许多滑移层，滑移层之间有许多滑移台阶。滑移台阶是许多位错线滑移到晶体表面形成的，这一现象可以说明金属材料宏观上的塑性变形是晶体在微观上位错滑移运动的结果。采用这种滑移机制计算得到的临界切应力值和实测值相近似。

在工程应用中，常常采用动力增大系数 DIF（指动态强度与静态强度的比值）的概念来描述金属材料在高速加载情况下的应变速率效应，动力增大系数 DIF 随钢材屈服强度的不同而有所不同。

美国 K&C 公司通过对众多试验数据的总结，提出了适用于不同强度等级的钢材在高速加载情况下的 DIF 函数关系。图 4.10 是 ASTM A615 Grade 60 材料在准静态荷载作用下的典型应力-应变关系曲线，在动态荷载作用下，其屈服强度和极限强度都随应变率的增加而提高。式（4.11）给出了一组动力增大系数 DIF 与应变率 $\dot{\varepsilon}$ 的关系函数。

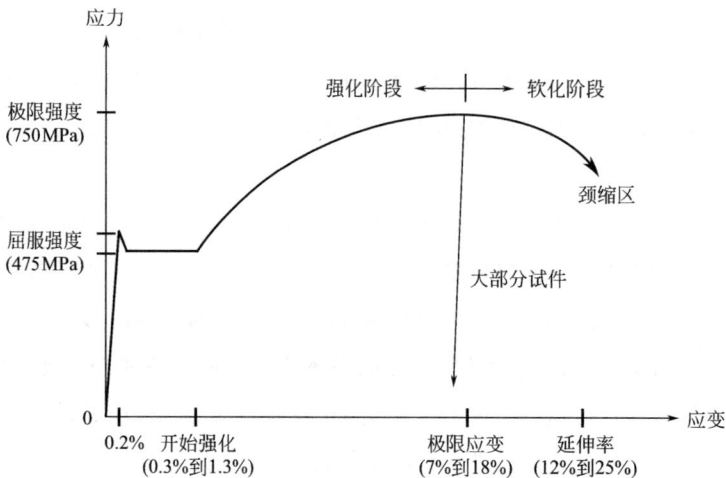

图 4.10　ASTM A615 Grade 60 钢材典型应力-应变关系曲线（Malvar，1998）

$$DIF = \left(\frac{\dot{\varepsilon}}{10^{-4}}\right)^{\alpha} \tag{4.11}$$

对于屈服强度，有：

$$\alpha = \alpha_{fy} = 0.074 - 0.040\,\frac{f_{sy}}{414} \tag{4.12}$$

对于极限强度，有：

$$\alpha = \alpha_{fu} = 0.019 - 0.009\,\frac{f_{sy}}{414} \tag{4.13}$$

其中，$\dot{\varepsilon}$ 为应变速率；f_{sy} 为准静态屈服强度。

上述公式适用于准静态屈服强度 $290\text{MPa} \leqslant f_{sy} \leqslant 710\text{MPa}$ 和 $10^{-4}\text{s}^{-1} \leqslant \dot{\varepsilon} \leqslant 225\text{s}^{-1}$ 的情况。

图 4.11 给出了 ASTM A615 Grade 40、60、75 钢材由式（4.11）表示的 DIF 随应变速率 $\dot{\varepsilon}$ 变化的关系曲线。

表 4.3 给出了 ASTM A615 Grade 40、60、75 钢材的应变速率效应基本参数。

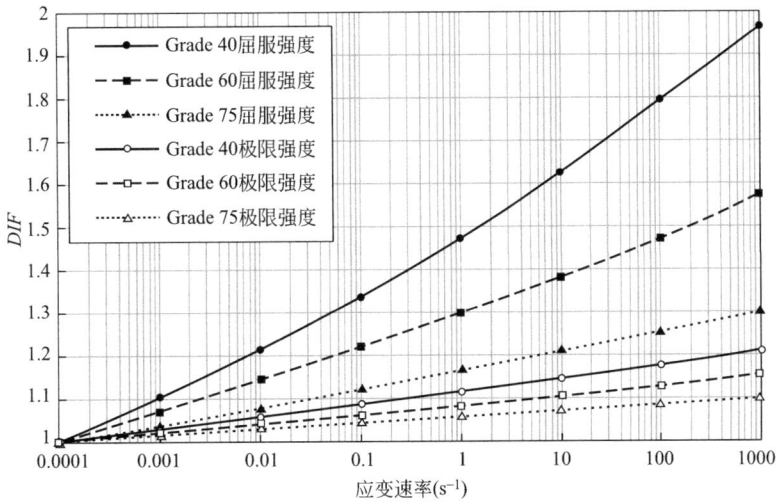

图 4.11 ASTM A615 Grade 40、60、75 钢材 DIF 曲线图（Malvar，1998）

ASTM A615 Grade 40、60、75 钢材的应变速率效应基本参数表（Malvar，1998） 表 4.3

强度等级（ASTM A615 Grade）	屈服强度（MPa）	极限强度（MPa）	极限应变（%）	α_{fy}	α_{fu}
40	328	554	15.5	0.042	0.012
60	472	746	12	0.028	0.009
75	595	814	7	0.016	0.006

我国《标准》依据构件的不同破坏模式，分别确定钢材的动力增大系数，其取值与美国 ASCE 59-11 2011、加拿大 CSA S850—2012 的相关规定基本一致，具体如表 4.4 所示。

4.2.2 混凝土材料动力特性

混凝土材料具有明显的非线性特征，混凝土的非线性性能主要是由内部微裂缝的生成、扩展和传播特性所决定的，混凝土的动力特性也主要是由于微裂缝的产生和扩展所决定的。

058

钢材动力增大系数 *DIF* (T/CECS 736—2020)　　　　　表 4.4

构件抗力	强度	牌号	DIF
受弯、剪切	屈服强度	Q235	1.3
		Q345 Q345GJ	1.2
		Q390	1.1
		Q420	1.1
		Q460	
	极限强度	Q235	1.2
		Q345 Q345GJ	1.1
		Q390	1.05
		Q420	1.05
		Q460	1.05
轴压、轴拉	屈服强度	Q235	1.2
		Q345 Q345GJ	1.1
		Q390	1.0
		Q420	1.0
		Q460	
	极限强度	Q235	1.1
		Q345 Q345GJ	1.05
		Q390	1.0
		Q420	1.0
		Q460	1.0

　　1917 年，Abrams 发现动态荷载作用下混凝土抗压强度比在静态荷载作用下高，随后混凝土在动态荷载作用下的性能成为混凝土材料的研究热点。Bischoff（1995）用落锤试验装置详细研究了素混凝土材料单轴受压动态性能，并与前人的试验结果进行了对比分析。落锤测试存在较大的试验误差，主要是由于锤重、下落高度、试件尺寸、测试方法等的不一致，导致不同测试者测试结果具有很大的随机性和任意性；另外由于应力波传播的影响造成应力-应变关系沿试件长度分布不均匀，从而造成测试的应力-应变关系有很大的不确定性，特别当测试点不在同一位置时，该情况更加明显。加拿大哥伦比亚大学对落锤试验装置进行了详细研究和改进，通过一系列试验研究了混凝土材料在受拉、无约束受压、有约束受压、一维弯曲（梁）、二维弯曲（板）等冲击荷载作用下的性能，发现用标量损伤力学模型（Scalar Damage Mechanics，SDM）可以很好地预测混凝土材料在冲击荷载作用下的特性。

　　分离式 SHPB 装置是目前研究材料动态力学性能最基本的试验装置，其测试的应变速率可以达到 $10^2 \sim 10^4 \text{s}^{-1}$。常用的 SHPB 试验装置适用于直径 30mm 左右的试件，对于混凝土材料，由于骨料尺寸很大，所以要求试件的尺寸必须足够大，需要建造大尺寸的 SHPB 试验装置。然而当试件尺寸较大时，一维波动理论不再满足，波的传播存在很大的弥散现象，需要对测试数据进行修正。

学者们采用快速傅里叶变换对测试数据进行处理，用波动理论对应力波弥散现象进行修正，设计出了直径 70～100mm 的 SHPB 试验装置来研究混凝土超高速加载下的性能。法国 Brara、Klepalzko 等人（2001）用 SHPB 试验装置研究了混凝土材料在应变速率为 $10\sim 10^2 s^{-1}$ 条件下的动态冲击拉伸强度特征，并且对干、湿条件下的动态特性进行了对比，发现湿混凝土的抗拉强度增大系数稍微高于干混凝土。

试验结果发现混凝土材料的动力特性有以下特点：

（1）混凝土材料是明显的率相关材料，极限强度随应变速率的增加而增加，增加幅度与混凝土强度关系不大，极限应力对应的轴向应变随应变率的增加而增加，但是变化不大；

（2）最大体积应变、耗能能力、割线模量随应变率的增加而增加，初始弹性模量变化不大；

（3）在应力水平较低时泊松比变化不大，只有当应力水平较高，引起内部微裂缝迅速发展时，泊松比相差较大；由于动态荷载作用下微裂缝发展较慢，所以动荷载作用下泊松比发生明显变化的应力水平较高；

（4）动力荷载作用下，混凝土材料具有明显的损伤软化效应；

（5）混凝土的级配结构、含水量等都对动强度有一定影响。

目前，有关混凝土应变率产生率强化效应比较认同的两种因素为：（1）Stefan 效应，即在低应变率（小于 $10^{-1} s^{-1}$）下混凝土材料中毛细水的黏性作用；（2）惯性效应，即在高应变率（大于 $10^{-1} s^{-1}$）时的惯性力作用。

Stefan 效应是指，在两块相对运动的平行板间，存在一层薄膜黏性液体，液体对板的反力取决于两板的运动速度，速度越快，反力越大，也被称为黏性效

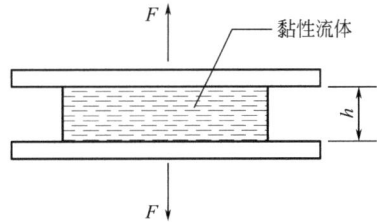

图 4.12　混凝土孔隙自由水
Stefan 效应（潘峰，2017）

应，其物理模型如图 4.12 所示。混凝土内部孔洞中的自由水能够在外荷载作用下，沿着裂隙黏性流动，当加载应变率提高时，孔压也会瞬间提高，并能使裂纹开裂扩展的速度变缓，因此破坏荷载提高，强度增加。

动力学观点认为，物体在动力荷载作用下产生的惯性力，总是与外荷载方向相反，倾向于减小外荷载引起的力学行为，起到抵抗物体对外荷载响应的作用。当加载应变率超过 $10 s^{-1}$ 时，惯性力的存在能够显著提高材料的动强度，此时惯性效应占绝对主导地位。如图 4.13 所示，试样除了产生和加载方向相同的竖向惯性抗力之外，还产生了由于横向变形引起的水平向惯性抗力，惯性力的约束作用使试样处于三轴应力状态，导致强度有所提高。

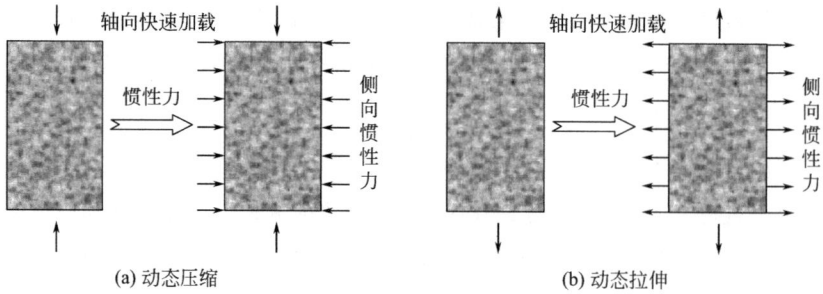

图 4.13 惯性约束效应（潘峰，2017）

在实际工程应用中，常用动力增大系数（DIF）曲线来表征在动荷载作用下材料强度的提高，比较常用的是 CEB 建议公式：

对于混凝土受压情况，有：

$$CDIF = \frac{f_{cd}}{f_{cs}} = \left(\frac{\dot{\varepsilon}}{\dot{\varepsilon}_0}\right)^{1.026a}, \quad \dot{\varepsilon} \leqslant 30 \text{s}^{-1} \tag{4.14}$$

$$CDIF = \frac{f_{cd}}{f_{cs}} = \gamma\left(\frac{\dot{\varepsilon}}{\dot{\varepsilon}_0}\right)^{1/3}, \quad \dot{\varepsilon} > 30 \text{s}^{-1} \tag{4.15}$$

其中，f_{cd} 为混凝土动态抗压极限强度；f_{cs} 为混凝土准静态抗压极限强度；$\dot{\varepsilon}$ 为应变速率（$3 \times 10^{-6} \text{s}^{-1} \leqslant \dot{\varepsilon} \leqslant 300 \text{s}^{-1}$）；$\dot{\varepsilon}_0 = 3 \times 10^{-6} \text{s}^{-1}$；$\log\gamma = 6.156\alpha - 2$，$\alpha = (5 + 9f_{cs}/f_{co})^{-1}$，$f_{co} = 10 \text{MPa}$。

对于混凝土受拉情况，有：

$$TDIF = \frac{f_{td}}{f_{ts}} = \left(\frac{\dot{\varepsilon}}{\dot{\varepsilon}_0}\right)^{1.016\delta}, \quad \dot{\varepsilon} \leqslant 30 \text{s}^{-1} \tag{4.16}$$

$$TDIF = \frac{f_{td}}{f_{ts}} = \beta\left(\frac{\dot{\varepsilon}}{\dot{\varepsilon}_0}\right)^{1/3}, \quad \dot{\varepsilon} > 30 \text{s}^{-1} \tag{4.17}$$

其中，f_{td} 为混凝土动态抗拉极限强度；f_{ts} 为混凝土准静态抗拉极限强度；$\dot{\varepsilon}$ 为应变速率（$3 \times 10^{-6} \text{s}^{-1} \leqslant \dot{\varepsilon} \leqslant 300 \text{s}^{-1}$）；$\dot{\varepsilon}_0 = 3 \times 10^{-6} \text{s}^{-1}$；$\log\beta = 7.11\delta - 2.33$，$\delta = 1/(10 + 6f_{cs}/f_{co})$，$f_{co} = 10 \text{MPa}$。

Malvar 等（1998）在大量试验研究结果的基础上，对 CEB 模型进行了修正，提出了下列经验公式：

$$TDIF = \frac{f_{td}}{f_{ts}} = \left(\frac{\dot{\varepsilon}}{\dot{\varepsilon}_0}\right)^{\delta}, \quad \dot{\varepsilon} \leqslant 1 \text{s}^{-1} \tag{4.18}$$

$$TDIF = \frac{f_{td}}{f_{ts}} = \beta\left(\frac{\dot{\varepsilon}}{\dot{\varepsilon}_0}\right)^{1/3}, \quad \dot{\varepsilon} > 1 \text{s}^{-1} \tag{4.19}$$

其中，$\dot{\varepsilon}$ 为应变速率（$10^{-6} \text{s}^{-1} \leqslant \dot{\varepsilon} \leqslant 160 \text{s}^{-1}$）；$\dot{\varepsilon}_0 = 10^{-6} \text{s}^{-1}$；$\log\beta = 6\delta - 2$，$\delta = 1/(1 + 8f_{cs}/f_{co})$，$f_{co} = 10 \text{MPa}$。

图 4.14、图 4.15 分别给出了素混凝土在不同加载速率情况下的抗压、抗拉强度增大系数。

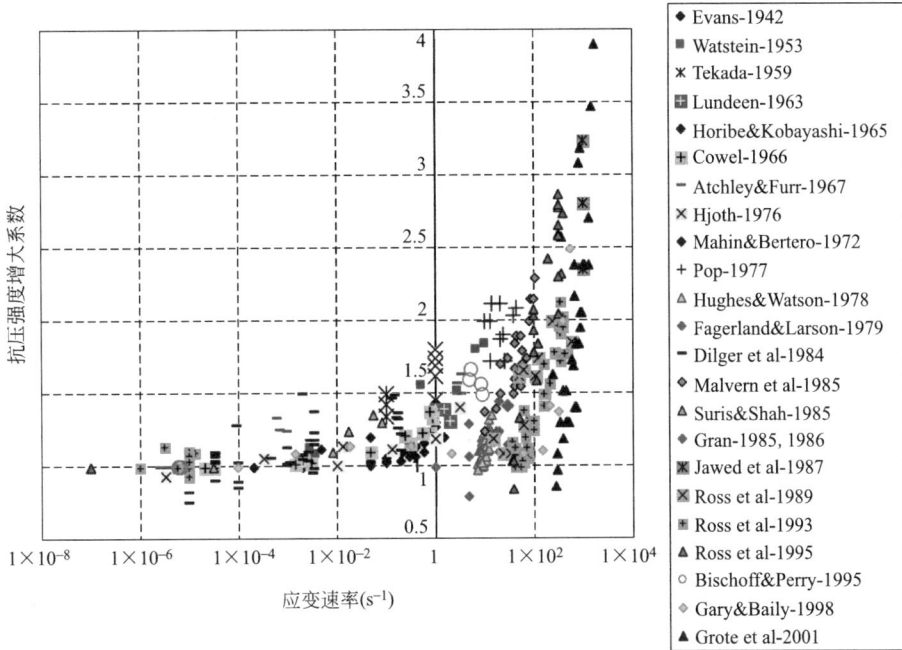

图 4.14　素混凝土动态加载抗压强度增大系数（Cotsovos，2008）

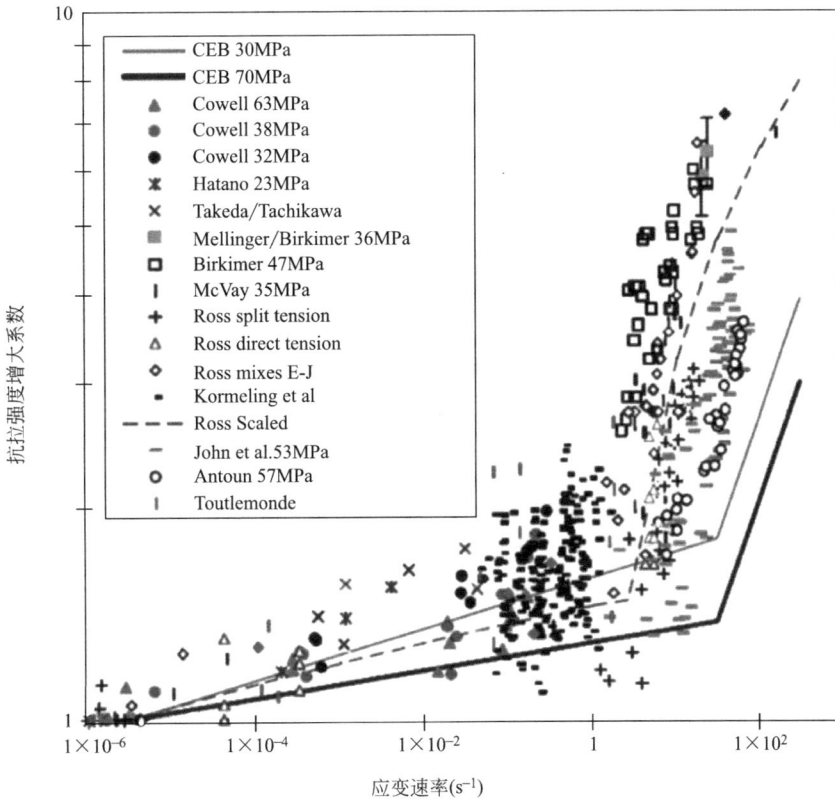

图 4.15　素混凝土动态加载抗拉强度增大系数（Cotsovos，2008）

由图 4.14、图 4.15 知，混凝土的强度随加载应变率的提高而增大，但增大的速率存在一个转折点。Ross 等对该转折点进行了解释，认为当加载应变率小于 1/s 时，混凝土中自由水的黏性效应是导致混凝土强度应变率效应的主要原因，此时，黏性效应能使裂纹开裂扩展的速度变缓，因此破坏荷载提高，强度增加；当加载应变率超过 10/s 时，此时惯性力是导致动强度提高的主要原因，混凝土的强度会显著提高。

我国《标准》依据混凝土构件的破坏模式分别确定动力增大系数，具体如表 4.5 所示。

混凝土动力增大系数 *DIF* 表 4.5

构件抗力	强度	强度等级	DIF
受弯	抗压	C55 及以下	1.2
		C60~C80	1.1
	抗拉	C55 及以下	1.2
		C60~C80	1.1
轴压	抗压	C55 及以下	1.1
		C60~C80	1.0
斜剪	抗压	C55 及以下	1.0
		C60~C80	1.0
直剪	抗压	C55 及以下	1.1
		C60~C80	1.0

4.2.3 其他材料的动力特性

1. 砖砌体材料的动力特性

砖砌体在快速变形下，强度提高比大于混凝土。李国豪等学者在《工程结构抗爆动力学》中对砖砌体的动力特性进行了总结。当快速加载时间为 150ms 和 10ms 时，抗压强度提高的比值可达 1.3 和 1.5。砖砌体的弹性模量，也随加载速率的增大而提高，但提高的规律性不明显。在爆炸冲击荷载下，砖砌体抗压极限变形保持在 0.11%~0.20% 之间。各种应变速率之下，砖砌体动力抗压强度提高系数（*CDIF*）可参考表 4.6。

砖砌体抗压强度提高系数随应变速率变化 表 4.6

应变速率(s^{-1})	0.002~0.01	0.01~0.1	0.1~0.25	>0.25
t_m(ms)	110~1000	12~110	10~12	<10
CDIF	1.3	1.35	1.4	1.4

2. 玻璃材料的动力特性

幕墙玻璃常采用硅酸盐玻璃。由于大量初始缺陷（包括表面微裂纹、不同加工方式造成的各种缺陷及内部的气泡等）的存在，玻璃强度具有较大的离散性和显著的拉压不对称性。

玻璃的破碎可分为以下阶段：

（1）微裂纹萌生：玻璃材料中内在的微观缺陷成为应力集中点，导致初始微裂纹的快速萌生。

（2）微裂纹扩展：随着玻璃内部的应力水平进一步升高，微裂纹将迅速扩展。由于玻璃的韧性低，裂纹扩展速度非常快，并且难以在扩展过程中吸收能量。

（3）宏观碎裂：大量微裂纹在扩展发散中逐渐交汇，形成宏观控制裂纹，最终形成宏观破坏面及玻璃碎片。

在高速加载（如爆炸、子弹冲击等）下，玻璃的抗拉强度和抗压强度均表现出一定程度的提升，抗拉强度的提高较抗压强度的提高显著。现象机理主要源于玻璃内部微裂纹扩展的时间依赖性。高速加载下，微裂纹的扩展和交汇过程受到抑制，导致玻璃在短时间内难以发生足够的裂纹扩展和能量耗散，因此玻璃在宏观上表现出更高的承载能力。但一旦达到极限，碎裂会以更剧烈的方式发生。这也是为何高速加载下玻璃的破碎通常从单一裂纹扩展转变为多裂纹并发，最终形成比准静态加载下尺寸更小的碎片，甚至可能破碎成粉末呈现粉末化破碎形貌。

图 4.16 汇总了已有研究中对获得的玻璃力学参数随应变率的变化趋势，其中，玻璃的抗拉强度随应变率提升最为显著。考虑到爆炸作用下玻璃面板的应变率范围通常在 $10^2 \sim 10^3 s^{-1}$，其抗拉强度动力增强系数可达 2 以上。玻璃的弹性模量随应变率变化并不显著。出于保守考虑，《标准》中对于玻璃材料动力设计强度调整系数建议值为 1.0，在高应变率下弯曲破坏时的动力增大系数（DIF）建议值为 1.0，弹性模量取静态弹性模量值。

3. 木材的动力特性

木材在气干状态下，抗压强度随应变速率的增加而提高。它的动力增大系数同混凝土的强度提高系数接近。例如，当快速加载时间 $t_m = 10ms$ 和 $t_s = 100ms$ 时，强度提高系数为 1.3 和 1.5。在应力达到木材破坏强度一半时，变形模量提高 12％。

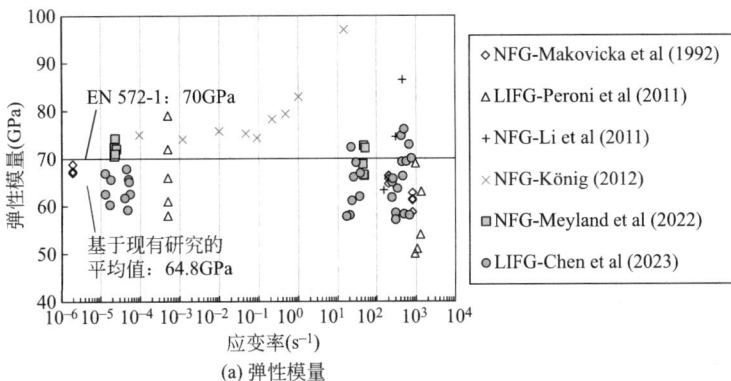

图 4.16　玻璃力学参数的应变率效应（Chen，2023）（一）

064

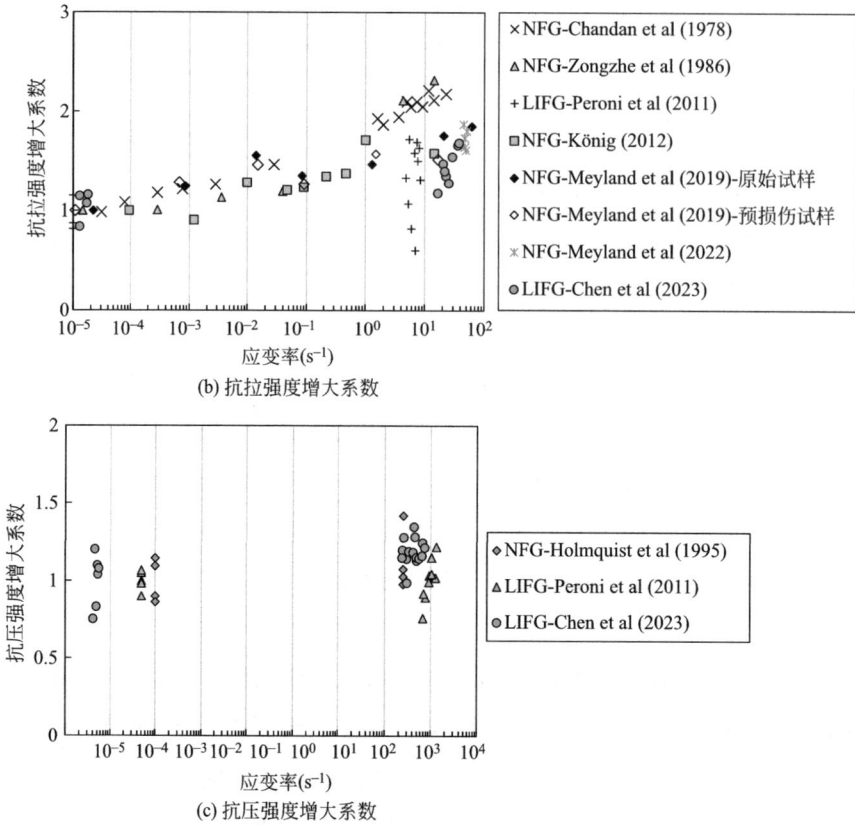

图 4.16 玻璃力学参数的应变率效应（Chen，2023）（二）

木材持久作用下的强度比标准静力加载的强度降低 $50\%\sim60\%$。现行国家标准《木结构设计标准》GB 50005 中给定的容许应力，因考虑持久作用而降低。把这一容许应力与爆炸冲击荷载下木材的瞬态强度比较，动力强度提高比值大于 2。

4.3 动力作用下固体材料的本构模型

4.3.1 静力作用下固体材料的本构模型

静态荷载作用下固体材料的力学模型主要有线弹性理论模型、非线性弹性理论模型、弹塑性理论模型、黏弹塑性理论模型、内时理论模型、断裂力学理论模型和损伤力学理论模型等，工程中较常用的是弹塑性理论模型。

固体材料的弹塑性理论模型具有以下几个特点：

（1）线弹性变形一般采用线弹性广义虎克定律理论，材料的非线性变形用弹塑性模型理论反映；

（2）固体材料由弹性状态进入塑性状态的界限称为屈服面，当应力状态超过屈服面后，应力全量与应变全量之间不再是线性关系，而且一般不再具有单值对应关系，与变形历史有关；

（3）材料进入塑性状态后，其弹塑性变形状态的界限一般与变形历史有关，只有材料是理想弹塑性时，瞬时屈服面等于初始屈服面；

（4）在弹塑性状态下，材料的弹塑性本构方程（即应力-应变关系）一般只能用增量方式表示，在加载过程中，应力增量与应变增量之间采用弹塑性模型，在卸载过程中，采用弹性模型；

（5）弹塑性模型的建立一般包括：线弹性的广义虎克定律，初始屈服面或初始屈服条件的确定，强化条件或后继屈服面的确定（等向强化、随动强化、混合强化等），加载、卸载和中性变载的判定以及塑性应变的计算公式（流动法则）等。

一点的应力状态可以用六个应力分量表示为 $P(\sigma_x，\sigma_y，\sigma_z，\tau_{xy}，\tau_{xz}，\tau_{yz})$，也可以用三个主应力表示为 $P(\sigma_1，\sigma_2，\sigma_3)$。三个主应力组成一个应力空间（图 4.17），应力空间中经过原点并与坐标轴呈等角度的直线（OL）称为静水应力轴，垂直于静水应力轴的平面称为偏平面，经过原点的偏平面叫做 π 平面。一点的应力状态又可用 $P(\xi，\rho，\theta)$ 来表示，在应力空间中，包含静水应力轴的平面称为子午面，$\theta = 0°$ 的子午面称为受拉子午面，$\theta = 60°$ 的子午面称为受压子午面。ξ、ρ、θ 的含义详见图 4.17 和图 4.18，并且有：

$$\xi = I_1/\sqrt{3}，\quad \rho = \sqrt{2J_2}，\quad \cos\theta = \frac{2\sigma_1 - \sigma_2 - \sigma_3}{2\sqrt{3}\sqrt{J_2}} \tag{4.20}$$

式中，I_1 为应力张量第一不变量；J_2 为应力偏量第二不变量；θ 为方位角；若 $\sigma_1 \geqslant \sigma_2 \geqslant \sigma_3$，则有 $0 \leqslant \theta \leqslant 60°$。当单轴受拉时有 $\sigma_1 = \sigma_0$，$\sigma_2 = 0$，$\sigma_3 = 0$，$\theta = 0°$；当单轴受压时有 $\sigma_3 = -\sigma_0$，$\sigma_2 = 0$，$\sigma_1 = 0$，$\theta = 60°$；当纯剪时有 $\sigma_1 = \tau$，$\sigma_2 = 0$，$\sigma_3 = -\tau$，$\theta = 30°$；当等双轴受压时有 $\sigma_1 = 0$，$\sigma_2 = \sigma_3 = -\sigma_0$，$\theta = 0°$。

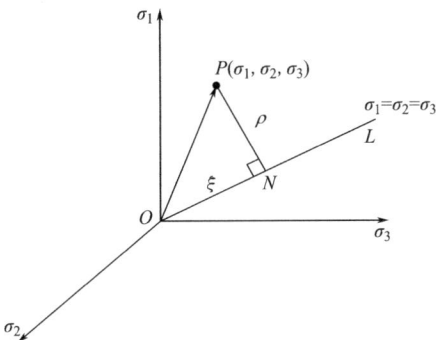

图 4.17　应力空间中一点应力状态的几何表示　　　　图 4.18　应力主轴在偏平面上的投影

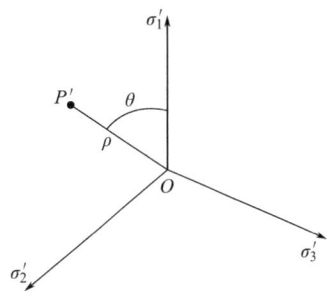

弹性变形与塑性变形的界限称为初始屈服条件或初始屈服面，初始屈服条件是指材料未发生任何塑性变形前的弹塑性界限，但是当材料经历了一定的塑性变形后，材料的内部结构发生了变化，当材料卸载进入弹性状态，然后重新加载时的弹塑性响应界限将发生变化，该界限称为加载条件下的后继屈服面。弹塑性理论的基本假设是各向同性假设和杜拉克（Drucker）公设（或材料的稳定性假设），利用该假设可以推出加载屈服面（包括初始屈服面）的一个重要特性，即加载屈服面外凸且在偏平面上的投影具有 6 个对称轴，此外利用该假设还可以建立塑性状态下的本构方程即塑性变形规律。

1. 金属类材料弹塑性理论模型

对于金属材料，常用的屈服准则有特雷斯卡（Tresca）屈服准则、米泽斯（Mises）屈服准则和广义双剪应力屈服准则。在主应力方向已知的条件下，用 Tresca 屈服条件和双剪应力屈服条件求解问题比较简单，因为在一定范围内应力分量之间满足线性关系。但是在主应力未知的情况下，应用起来不方便，并且此两类屈服条件存在尖角，给数值分析带来不便。另外该屈服条件没有考虑第二主应力的影响，有时会带来较大误差。Mises 屈服条件克服了上面的缺陷，在工程中得到广泛的应用。

Mises 屈服准则为：

$$J_2 = \frac{1}{2} S_{ij} S_{ij} = \frac{1}{6} \left[(\sigma_1 - \sigma_2)^2 + (\sigma_1 - \sigma_3)^2 + (\sigma_2 - \sigma_3)^2 \right] = \frac{1}{3} \sigma_s^2 \tag{4.21}$$

式中，σ_1、σ_2、σ_3 为主应力；S_{ij} 为应力偏量；J_2 为应力偏量的第二不变量；σ_s 为静态荷载作用下简单拉伸屈服应力。

对于理想弹塑性材料，破坏面与屈服面重合；对于加工硬化材料，屈服应力随着荷载的提高与变形的增大而提高，因此屈服面不同于材料的破坏面，它不是一种固定的面，屈服面的变化称为加工硬化（或软化）。材料在发生塑性变形后进行弹性卸载，然后再次进行加载，此时再次发生塑性变形的界限称为后继屈服条件或强化条件，在应力空间所表示的曲面叫做后继屈服面。后继屈服面的变化是非常复杂的，不容易用试验方法来完全确定，特别是随着塑性变形的增长，材料的各向异性更加明显，问题更加复杂。为了便于应用，常采用几种简化模型，常用的简化强化模型分为各向同性强化模型、随动强化模型和混合强化模型。

加载条件的一般表达式：
$$F = F(\sigma_{ij}, \alpha_{ij}, K) = 0 \tag{4.22}$$

各向同性强化模型：
$$F(\sigma_{ij}, K) = f_0(\sigma_{ij}) - K(\kappa) = 0 \tag{4.23}$$

随动强化模型：
$$F(\sigma_{ij}, \alpha_{ij}, K) = f_0(\sigma_{ij} - \alpha_{ij}) - k_0 = 0 \tag{4.24}$$

混合强化模型：
$$F(\sigma_{ij}, \alpha_{ij}, K) = f_0(\sigma_{ij} - \alpha_{ij}) - K(\kappa) = 0 \tag{4.25}$$

式中，F 为加载函数；σ_{ij} 为应力张量；α_{ij} 为屈服面中心的移动向量；K 为硬化函数，是硬化参数 κ 的函数，且有 $\mathrm{d}\kappa \geqslant 0$，$\kappa$ 代表了加载历史。

　　尽管用于本构模型的强化参数可以不限于一个，但是实际工程应用中，常采用一个强化参数。典型的强化参数可以采用有效塑性应变 ε_p 或塑性功 W_p 来表示，有效塑性应变和塑性功可以分别定义为：

$$\varepsilon_p = \int \sqrt{\{d\varepsilon_{ij}^p\}^T \{d\varepsilon_{ij}^p\}} \tag{4.26}$$

$$W_p = \int \{\sigma_{ij}\}^T \{d\varepsilon_{ij}^p\} \tag{4.27}$$

　　有效塑性应变 ε_p 可看作塑性应变的累积，它的值不会减小，所以整个加载历史都可以表现出来。塑性功 W_p 表示与塑性变形有关的能量耗散，所以假定 W_p 的值随塑性变形的增加而增加，但是对于随动强化模型，可能出现 $\{\sigma_{ij}\}^T \{d\varepsilon_{ij}^p\} < 0$ 的情况，这与强化参数 $d\kappa \geqslant 0$ 的要求相矛盾，因为它实际上取消了部分塑性加载历史，因而将塑性功用于随动强化情况时要注意。

　　各向同性强化模型应用最广泛，一方面由于它便于进行数学处理，另外如果在加载过程中应力方向（或各应力分量的比值）变换不大，采用各向同性强化模型的计算结果与实际情况也比较吻合；随动强化模型可以考虑材料的包辛格（Bauschinger）效应，在循环加载或可能出现反向屈服的问题中，需要采用这种模型；由各向同性强化模型和随动强化模型组合而成的混合强化模型可以模拟材料比较复杂的力学现象，例如不同程度的包辛格（Bauschinger）效应和轮棘效应等。

　　2. 混凝土类材料弹塑性理论模型

　　混凝土材料具有非常复杂的性质，主要表现在：（1）在多轴应力状态下的非线性应力-应变关系；（2）具有应变软化和各向异性弹性劣化；（3）由拉伸应力或应变引发的逐步开裂；（4）徐变和收缩等与时间有关的特性等。由于其复杂性，所以提出一个能描述适合所有条件下混凝土材料特性的本构模型非常困难。描述混凝土特性的一般方法是根据连续介质力学原理，而不考虑混凝土材料的微观结构。根据混凝土的宏观应力-应变特性，建立了许多理论，如非线性弹性理论、塑性理论、损伤理论、内时理论等。对混凝土微观结构的研究可解析混凝土的基本特性，但目前多用于定性预测，在工程中很少应用。

　　混凝土是脆性材料，与金属材料的位错理论截然不同，它的变形特性与材料内部微裂缝的扩展有关，主要表现在塑性变形，包括体积改变、拉伸和压缩特性差别很大等方面。但从宏观上仍然可以假定混凝土的应力-应变特性由第一阶段的线弹性部分，以及第二、第三阶段的非线性加工硬化部分组成，在非线性阶段由于混凝土材料内部微裂缝的发展所引起的不可恢复变形被定义为塑性变形，所以总的变形分为弹性和塑性两部分，然后根据塑性理论得到混凝土材料的弹塑性多轴应力-应变关系。

　　将塑性理论用于混凝土材料的一个重要优点就是模型合乎逻辑性、简明，且又不失数学上的严密性。混凝土材料的弹塑性模型包括下列三方面假定：（1）初始屈服面和破坏面假定。对于岩石、混凝土等脆性材料，试验研究很难直接得出材料的屈服准则，往往可以直接得出材料的破坏准则，然后根据破坏准则，经过理论分析和假定，推出材料的屈服准则；（2）强化法则假定。强化法则定义了在塑性流动过程中加载面的变化和材料强化特性的变化；（3）流动法则假定。流动法则与塑性势函数有关，由它可导出增量形式的弹塑性应力-应变关系。

对于岩石、混凝土等脆性材料，根据考虑因素的不同分为古典破坏准则和基于试验的破坏准则。古典破坏准则包括最大拉应力破坏准则（第一强度理论）、最大拉应变破坏准则（第二强度理论）、Tresca 破坏准则（第三强度理论）、Mises 破坏准则（第四强度理论）、Mohr-Columb 破坏准则（第五强度理论）、Drucker-Prager 破坏准则。基于试验的破坏准则分为三参数准则、四参数准则和五参数准则等，主要包括 Bresler-Pister 三参数准则、Willam-Warnke 三参数和五参数准则、Ottosen 四参数准则、Hsien-Ting-Chen 四参数准则、Kotsovos 五参数准则、Podgorski 五参数准则和过-王五参数准则等。图 4.19 给出了各种破坏准则的对比。

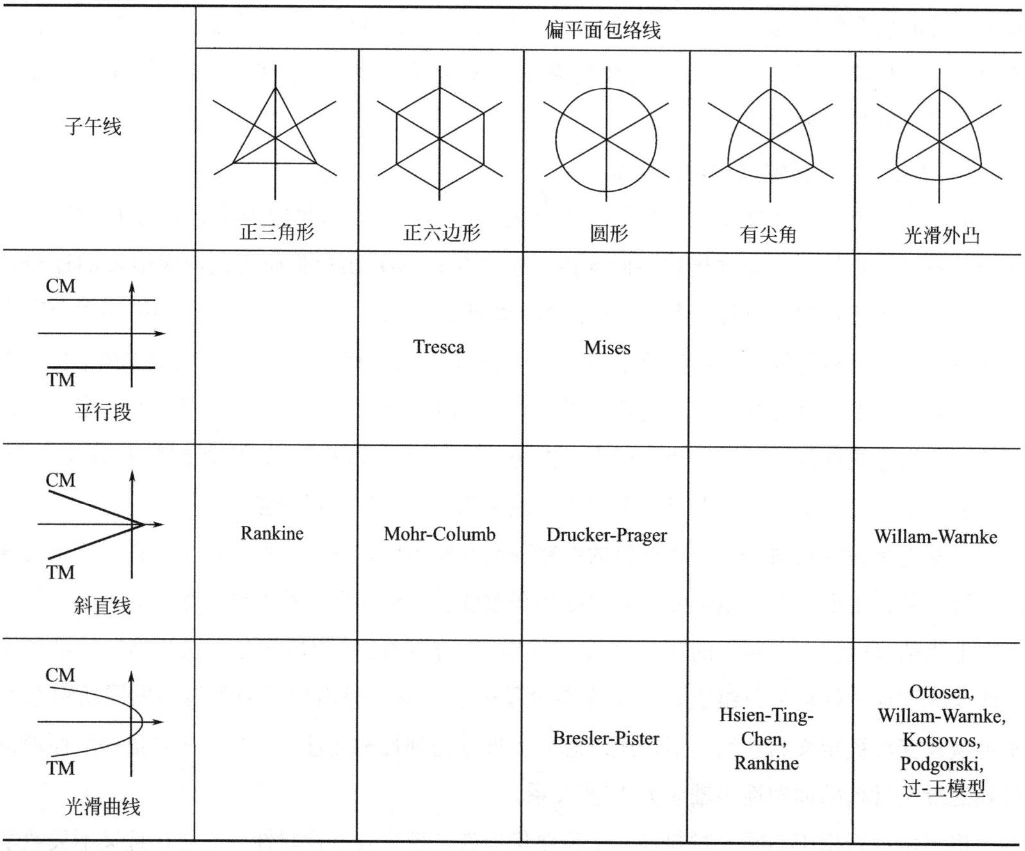

子午线	偏平面包络线				
	正三角形	正六边形	圆形	有尖角	光滑外凸
CM / TM 平行段		Tresca	Mises		
CM / TM 斜直线	Rankine	Mohr-Columb	Drucker-Prager		Willam-Warnke
CM / TM 光滑曲线			Bresler-Pister	Hsien-Ting-Chen, Rankine	Ottosen, Willam-Warnke, Kotsovos, Podgorski, 过-王模型

图 4.19　混凝土材料破坏准则按子午线和偏平面的形状分类

4.3.2　基于准静态本构的动态修正模型

固体材料在动力荷载作用下的性能与静力荷载作用下有很大区别，为了真实反映动荷载作用下的材料性能，必须考虑固体材料的应变率效应。由固体材料动态试验结果可知，材料的屈服强度和极限强度等特征参数都会随应变率的提高而变化，所以许多学者以经典弹塑性理论为基础，基于试验结果对屈服面或破坏面进行修正，提出了基于准静态本构模型的动态修正模型。

1. 金属类材料动态本构模型

对于动载下金属材料的本构模型而言，有两类本构模型是具有代表性的。第一类是Johnson-Cook（JC）模型，它是一类应变率相关（或称黏塑性）本构模型的代表，主要考虑流动应力的应变率效应。另一类是 Steinberg-Guinan（SG）模型，该模型忽略冲击波高压下的应变率效应、着重考虑压力和温度对剪切模量和屈服强度的影响，以及后来考虑了应变率修正的 Steinberg-Lund（SL）模型，本书统一称之为 Steinberg 模型。

Johnson 等（1983）在经典弹塑性理论的基础上，给出了金属材料的单轴应变率相关本构模型，多用于金属大变形、高应变率和高温情况，称为 Johnson-Cook 模型：

$$\sigma = [A + B(\varepsilon_p)^n](1 + C\ln\dot{\varepsilon}_p^*)(1 - T^{*m}) \tag{4.28}$$

其中，σ 表示动态屈服应力；ε_p 表示塑性应变；$\dot{\varepsilon}_p^* = \dot{\varepsilon}_p/\dot{\varepsilon}_o$ 表示无量纲塑性应变率，$\dot{\varepsilon}_o$ 为准静态试验时的塑性应变率；$T^* = (T - T_r)/(T_m - T_r)$，$T$ 是环境温度，T_r 是室温，T_m 是熔点温度；A、B、C、m、n 是材料常数，由试验确定，A 为准静态条件下材料的屈服强度。在式（4.28）中，等号右边第一个括号内的表达式给出的是应变强化作用，第二个括号内的表达式给出的是瞬时应变率的敏感度，第三个括号内的表达式给出的是温度对屈服应力的软化作用。这种处理方法简单地将应变、应变率和温度这几项影响因素相乘，利用少量的试验就可以确定这些参数。但式（4.28）只给出了屈服应力的表达式，其弹性变形部分则认为由与应变率无关的虎克定律描述，即：

$$\sigma = E\varepsilon = 2G(1 + \upsilon)\varepsilon \tag{4.29}$$

其中，E 为杨氏模量；G 为剪切模量；υ 为泊松比，一般作为常数对待。但是大量的理论和试验表明，剪切模量 G 是压力和温度的函数，$G = G(P, T)$。因此，JC 模型如果不作相应的修正，对高温高压下弹性变形部分的描述是不适宜的。

JC 模型使用的都是一维应力状态的试验数据，为了将其推广到复杂应力状态，可以根据等效应力、等效应变的理论进行转化。在一维应力状态下，$\sigma_1 \neq \sigma_2 = \sigma_3 = 0$，因此等效应力：

$$\sigma_{\text{eff}} = \frac{\sqrt{2}}{2}\sqrt{(\sigma_1 - \sigma_2)^2 + (\sigma_2 - \sigma_3)^2 + (\sigma_3 - \sigma_1)^2} = \sigma_1 \tag{4.30}$$

而应变的情况稍复杂一些，$\varepsilon_1 \neq \varepsilon_2 = \varepsilon_3$。由于塑性变形不引起体积变化，有 $\varepsilon_1 + \varepsilon_2 + \varepsilon_3 = 0$，所以 $\varepsilon_2 = \varepsilon_3 = -\frac{1}{2}\varepsilon_1$，因此等效应变：

$$\varepsilon_{\text{eff}} = \frac{\sqrt{2}}{3}\sqrt{(\varepsilon_1 - \varepsilon_2)^2 + (\varepsilon_2 - \varepsilon_3)^2 + (\varepsilon_3 - \varepsilon_1)^2} = \varepsilon_1 \tag{4.31}$$

因此一维应力状态下的等效应力和等效应变就等于其轴向应力和应变。

值得注意的是，JC 模型在后来的实际使用中提出过不少改进的模型。比如：Gilman. J、Wallaee. D. C 等学者为描述流动应力增加速度随应变率提高而提高的现象，对应变率强化的形式作了一些改进。

因此，将由一维应力试验得到的 JC 模型用到高温高压高应变率条件下的平板撞击等一维应变情形，可能会出现以下问题：第一是应变率更高了，外推是否合理；第二是由极低应力状态下得到的流动应力与应变率、温度的相关性在高压下是否适用；第三，没有考虑剪切模量、屈服强度同压力及温度的相关性。

美国劳伦斯-利弗莫尔国家实验室的 Steinberg 等于 1980 年提出了一个适用于高应变率的本构方程（Steinberg-Guinan 模型，以下简称 SG 模型），对冲击波加载-卸载波剖面有较好的描述能力。该模型将剪切模量 G 和屈服强度 f_y 作为压力 P 和温度 T（开尔文温度）的函数，具体表达式为：

$$G = G_0\left[1 + \left(\frac{G'_P}{G_0}\right)\frac{P}{\eta^{1/3}} + \left(\frac{G'_T}{G_0}\right)(T-300)\right] \tag{4.32}$$

$$f_y = f_{y0}[1 + \beta(\varepsilon + \varepsilon_i)]^n \times \left[1 + (\frac{f_{y}{'}_P}{f_{y0}})\frac{P}{\eta^{1/3}} + (\frac{G'_T}{G_0})(T-300)\right] \tag{4.33}$$

同时规定的限定条件是：

$$f_y = f_{y0}\left[1 + \beta(\varepsilon + \varepsilon_i)\right]^n \leqslant f_{y,\max} \tag{4.34}$$

$$G = 0 , f_y = 0 , 当 T \geqslant T_m \tag{4.35}$$

其中，$\eta = V_0/V$ 为压缩比；β、n 为应变硬化参数；ε 为塑性应变；ε_i 为初始塑性应变，一般取 0；下标 0 对应的是参考状态，即 $T=300K$、$P=0$、$\varepsilon=0$。G_0 为常温常压下的剪切模量，f_{y0} 取最高应变率或最低温度试验的初始屈服强度，G'_P、G'_T 和 $f_{y}{'}_P$ 为 G 和 f_y 对压力 P 或温度 T 的一阶偏导数，$f_{y,\max}$ 为应变硬化允许的最大值，T_m 为与压力相关的熔化温度。需要注意的是，式（4.33）中没有出现 $f_{y}{'}_T$ 项，实际上是用 G'_T 取代了这一项，严格讲是用了 $f_{y}{'}_T / f_{y0} = G'_T / G_0$ 的近似。

Steinberg 等进一步考虑应变率效应对屈服强度的影响（以下简称 SL 模型）：

$$f_y = [f_{y,T}(\dot{\varepsilon}_P, T) + f_{y,A}f(\varepsilon_P)][G(P,T)/G_0] \tag{4.36}$$

其中，$f_{y,T}(\dot{\varepsilon}_P, T)$ 为屈服强度中的热激活部分，即所谓率相关项，由位错动力学理论得出表达式，同样可以通过 SHPB 等一维应力试验拟合模型参数；第二项为热无关项，反映塑性硬化；而屈服强度与压力的相关性则由最后一项通过剪切模量与压力的相关性表示出来。相对来说，剪切模量同压力与温度的相关性要容易测量一些，因此这种模型就避免了屈服强度对压力与温度相关性的直接测量，原则上说只需由一维应力试验得到 $f_{y,T}(\dot{\varepsilon}_P, T)$，由静高压超声试验得到 $G(P, T)$ 就可以得到本构方程中的材料参数，而且 $f_{y,T}(\dot{\varepsilon}_P, T)$ 的具体形式原则上可以用 JC 等率相关模型代替。

2. 混凝土材料动态本构模型

对应于不同的加载方式或荷载形式，混凝土材料表现出不同的力学响应特性，因而要建立一个普遍接受、兼容并包的本构模型是相当困难的。一般的做法是把应变率考虑在应力-应变关系式或屈服条件之内。在冲击荷载下，材料内部所产生的应力可认为是准静态应力和偏离准静态特性的应力共同作用的结果，而在偏离准静态应力之中考虑应变率效应。

Holmquist 等（1995）给出了混凝土材料在高应变、高应变率、高压下的动态本构模型，称为 Holmquist-Johnson-Cook（HJC）模型。HJC 模型是一种表象模型，其特点是能够反映混凝土等脆性材料在大应变、高应变速率和高围压下及材料损伤失效的动态响应。HJC 模型包括三方面：屈服面方程、状态方程以及损伤演化方程。

$$\sigma_{eq}/f_c = [A(1-D) + B(P/f_c)^n] \ [1 + C\ln(\dot{\varepsilon}_{eq}/\dot{\varepsilon}_0)] \tag{4.37}$$

其中，σ_{eq} 为等效应力；f_c 表示准静态单轴抗压强度；$\dot{\varepsilon}_{eq}$ 表示等效应变率；$\dot{\varepsilon}_0$ 为准静态试验时的应变率；P 表示静水压力；D 为损伤系数；A、B、C、n 是材料常数，由试验确定，A 实际为准静态加载条件下材料的屈服强度。

HJC 模型采用分段式状态方程描述混凝土静水压力和体积应变之间的关系，如图 4.20 所示。首先是线弹性阶段，静水压力和体积应变满足线性关系。其次是塑性变形阶段，此时混凝土材料内的空洞逐渐被压缩从而产生塑性变形。假设 P-μ 曲线仍然具有线性关系，该阶段内任意点卸载的弹性体积模量可由两端模量插值计算得到。最后是完全密实阶段，当压力达到 P_{lock}，混凝土内部气孔被完全压实，关系式常用三次多项式表示：

$$P = \begin{cases} K_e\mu \\ P_{crush} + K_{crush}(\mu - \mu_{crush}) \\ K_1\overline{\mu} + K_2\overline{\mu}^2 + K_3\overline{\mu}^3 \end{cases} \tag{4.38}$$

其中，P 为静水压力；μ 为体积应变；P_{crush}、μ_{crush} 分别为压溃点的压力和体积应变；$\overline{\mu}$ 为修正的体积应变；K_e、K_{crush}、K_1、K_2、K_3 为材料参数，部分物理量分别定义如下：

$$K_{crush} = \frac{P_{lock} - P_{crush}}{\mu_{lock} - \mu_{crush}} \tag{4.39}$$

$$\overline{\mu} = \frac{\mu - \mu_{lock}}{1 + \mu_{lock}} \tag{4.40}$$

其中，P_{lock}、μ_{lock} 分别为材料压实点的压力和体积应变。

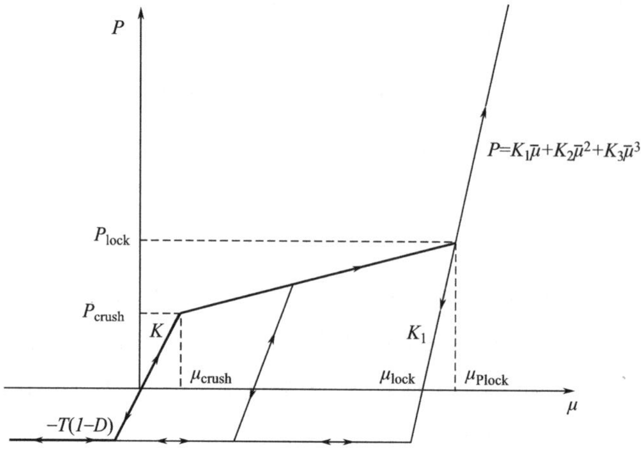

图 4.20 状态方程

HJC 模型以等效塑性应变和塑性体积应变的累积来描述损伤，其损伤演化方程为：

$$D = \sum \frac{\Delta \varepsilon_P + \Delta \mu_P}{\varepsilon_P^f + \mu_P^f} \tag{4.41}$$

其中，$\Delta \varepsilon_P$、$\Delta \mu_P$ 分别为一个计算循环内的等效塑性应变和塑性体积应变；ε_P^f、μ_P^f 分别为常压下破碎时的等效塑性应变和塑性体积应变。

$$\varepsilon_P^f + \mu_P^f = D_1 (p^* + T^*)^{D_2} \geqslant \varepsilon_{fmin} \tag{4.42}$$

其中，$T^* = T/f_c'$ 是材料所能承受的标准化最大拉伸压力，T 为材料的最大拉伸强度，f_c' 为混凝土静态轴向压力；$p^* = P/f_c'$ 为材料所能承受的最大压力；ε_{fmin} 是混凝土材料发生破坏的最小塑性应变；D_1、D_2 为混凝土材料与损伤相关的常数。压缩过程中混凝土内部气孔的不断破坏崩塌，导致内聚力强度的丧失，因此在大多数情况下，混凝土的损伤主要是由塑性体积应变引起的。

Holmquist-Johnson-Cook 模型对于高应变率下的混凝土强度提高现象无法合理解释，M. J. Islam、M. Polanco-Loria 等人分别对该模型提出了不同的修正，得到了更为合理的 Modified-Holmquist-Johnson-Cook（MHJC）模型。如图 4.21 和图 4.22 所示，MHJC 模型与试验结果吻合较好。

3. 玻璃、陶瓷等脆性材料动态本构模型

1990 年，Johnson 和 Holmquist 提出了广为人知的 JH-1 陶瓷本构模型，该模型在方程形式上效仿了 Johnson 和另一位学者 William H. Cook 开发的适用于金属的 JC 本构模型。JH-1 模型将陶瓷材料本构模型通过强度模型（Strength Model）、损伤模型（Damage Model）和状态方程（Equation of State）描述。强度模型中主要包括完整材料强度（Intact Strength）和破碎材料强度（Fractured Strength）。由于是高压下的材料模型，因此状态方程也被考虑

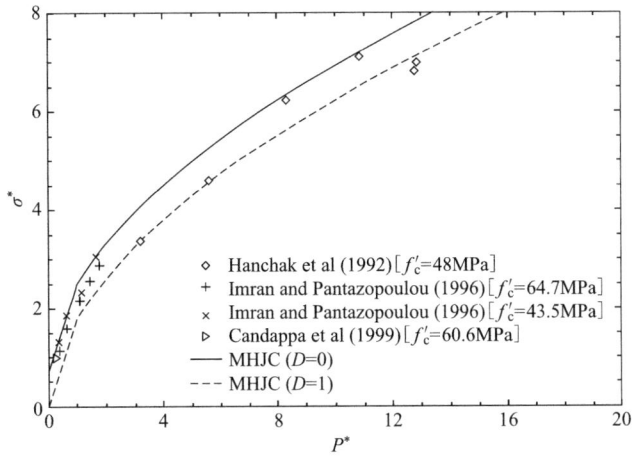

图 4.21　MHJC 模型（M. J. Islam）与试验对比

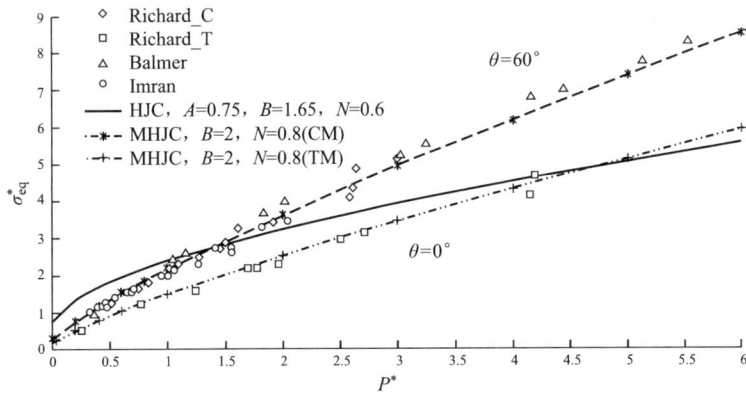

图 4.22　MHJC 模型（M. Polanco-Loria）与试验对比

其中，状态方程是压力和体积变化率的函数。

JH-1 本构模型的强度方程是等效应力 σ、静水压力 P、无量纲应变率 $\dot{\varepsilon}^* = \dot{\varepsilon}/\dot{\varepsilon}_0 (\dot{\varepsilon}_0 = 1\mathrm{s}^{-1})$ 和损伤因子 D 的函数。完整材料 $D=0$，失效材料 $D=1.0$，部分损伤材料 $0<D<1.0$。材料强度将随着损伤的增加而减小。

JH-1 模型的完整材料强度方程（Intact Material Strength）采用三线性模型描述。起点为 T（材料所能承受的最大静水拉力），经过 (P_1, S_1) 和 (P_2, S_2) 进入水平段，强度不再增加。破损材料强度方程（Fractrured Material Strength）采用双线性模型描述，上升段斜率为 C_6，破碎材料最大强度为 S_3。材料在损伤过程中，随着 D 的增加将逐渐由完整材料强度曲线向破碎材料强度曲线过渡。JH-1 本构模型的强度方程见图 4.23。

以上均是材料在参考应变率 $\dot{\varepsilon}^* = 1$ 下的强度。任一应变率下材料的强度为：

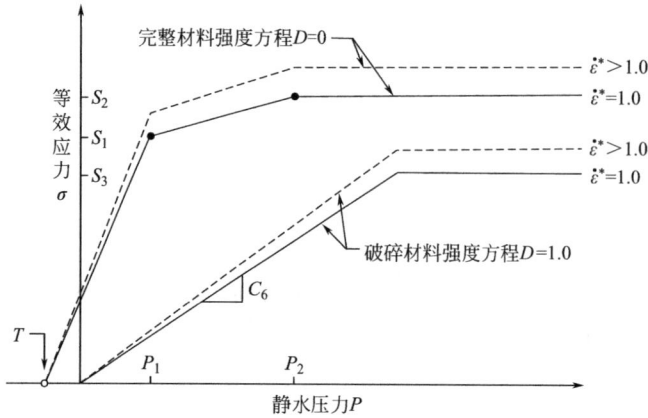

图 4.23　JH-1 本构模型的强度方程（Johnson，1992）

$$\sigma = \sigma_0 (1.0 - C_3 \ln \dot{\varepsilon}^*) \tag{4.43}$$

其中，C_3 是一个待定参数。

JH-1 本构模型参数中，T、S_1、P_1 可以通过准静态压缩、准静态拉伸和动态拉伸、动态压缩试验（SHPB）获得，应变率参数 C_3 可以通过准静态压缩和动态压缩试验结果获得。但是破损材料强度的获得方法较难，关于破损材料强度参数 C_6，Johnson 和 Holmquist 建议的方法是通过试验获得其上下界，下界是对粉末状材料（粉末状材料通常是陶瓷材料压缩的最终破坏状态）进行侧限单轴压缩试验获得，上界是对完整材料进行侧限单向压缩试验获得。S_3 则要通过平板撞击试验获得。

JH-1 模型损伤因子见式（4.44）：

$$D = \sum (\Delta \varepsilon_P / \varepsilon_P^f) \tag{4.44}$$

其中，$\Delta \varepsilon_P$ 是一个循环的积分内的等效塑性应变增量；$\varepsilon_P^f = f(P)$ 是在恒定压力 P 下达到破碎时的塑性应变，当静水压力达到 $P = DP_1$ 时最大塑性应变为 ε_{max}^f 不再增加。

JH-1 本构模型材料破碎前的状态方程为：

$$P = K_1 \mu + K_2 \mu^2 + K_3 \mu^3 \tag{4.45}$$

其中，K_1、K_2、K_3 是常数，K_1 指材料的体积模量；$\mu = \rho / \rho_0 - 1$ 是材料的体积应变，ρ_0 是材料初始密度，ρ 是材料发生变形时的密度。开始损伤后（$D > 0$）发生膨胀效应，此时压力增加、体积应变增加，状态发生压力变化，即：

$$P = K_1 \mu + K_2 \mu^2 + K_3 \mu^3 + \Delta P \tag{4.46}$$

从图 4.23 可以看出，材料发生损伤后强度会下降，这表明材料弹性内能开始损失，弹性内能的表达式为：

$$U = [s_x^2 + s_y^2 + s_z^2 - 2\upsilon(s_x s_y + s_y s_z + s_x s_z) + 2(1+\upsilon)(\tau_{xy}^2 + \tau_{yz}^2 + \tau_{xz}^2)] / (2E) \tag{4.47}$$

其中，s_x、s_y、s_z 是偏应力分量；τ_{xy}、τ_{yz}、τ_{xz} 是三个剪应力分量；υ 是泊松比；E 是弹性模量。弹性内能的损失可以记为：

$$\Delta U = U_i - U_f \tag{4.48}$$

其中，U_i 是完整材料破碎前的弹性内能（$D<1$），U_f 是材料完全破碎后的弹性内能（$D=1$）。内能的损失通过 ΔP 转化为静水压势能，这一能量的转化约为：

$$\Delta P\mu_f + \Delta P^2/(2K_1) = \beta\Delta U \tag{4.49}$$

式中，μ_f 是弹性内能转化为静水压势能的比例。

JH-1 本构模型的状态方程见图 4.24。

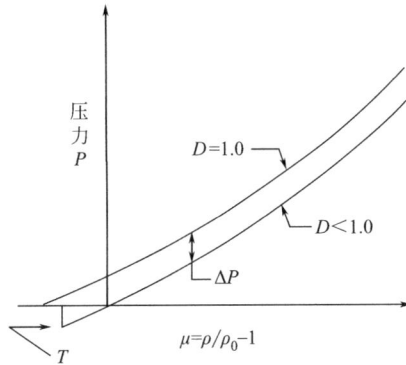

图 4.24　JH-1 本构模型的状态方程（Johnson，1992）

1994 年，他们又提出了一个改进模型，即 JH-2 模型，这一模型得到了广泛的应用，被众多有限元软件采用并开发为内置本构模型。该模型与 JH-1 模型相似，重要改进在于 JH-2 模型允许材料强度随着损伤增加而减小。常用的 JH-2 模型同样包括强度方程、状态方程和损伤方程三部分，以描述陶瓷材料在高压、高应变率、大应变下的响应。该模型见图 4.25。

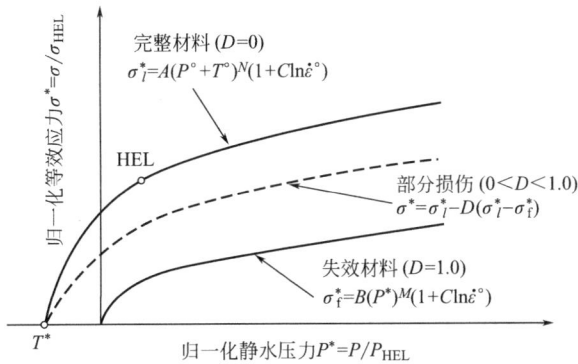

图 4.25　JH-2 模型（Johnson，1994）（一）

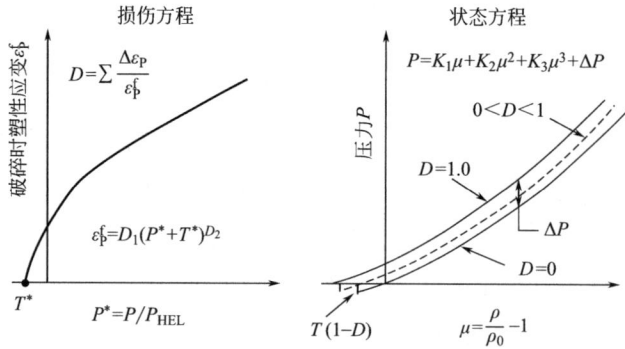

图 4.25 JH-2 模型（Johnson，1994）（二）

思考题

1. 简述应变率效应的定义。
2. 简述用于高应变率下的几种常用试验，以及适用的应变率范围。
3. 说明随着应变率上升，金属类材料的抗压屈服强度、抗压极限强度、弹性模量的一般变化趋势。
4. 说明随着应变率上升，混凝土类材料的抗拉强度、抗压强度、弹性模量的一般变化趋势。
5. 简述几种常用的动载下金属类材料的本构模型。
6. 简述几种常用的动载下混凝土类材料的本构模型。

第5章

结构抗爆分析

5.1　概述

爆炸荷载作用下结构反应分析属于典型的动力学问题，分为两类，分别探讨结构内部应力波传播和结构的振动问题。

对于第一类问题，考虑爆炸引起结构内的质点以应力波的形式运动，并传播给它的邻近质点，在数学上表示为波动方程。由于应力波在边界上的反射和折射造成十分复杂的干涉现象，在一些条件下虽然初始的波动是弹性的，波干涉的结果会在某些区域产生塑性变形或破坏。

对于第二类问题，可以只考虑结构的整体振动。由于应力波在结构内部传播的速度很快，而结构振动与结构的自振周期相关，一般结构发生振动时主要应力波在结构内部已经传播完毕，因此可不再考虑应力波的影响，而仅考虑结构整体的惯性运动。

因为爆炸荷载持续时间非常短暂，并且应力波在结构构件中的传播非常迅速，所以爆炸荷载作用下结构构件的反应主要以整体振动为主（第二类问题）。但是由于应力波在构件内传播时会发生复杂的反射和折射，造成构件内存在复杂的应力区域，有时会引起构件局部严重破坏，从而使得构件承载力严重降低，所以有时也必须考虑应力波在构件内的传播（第一类问题）。

针对上述两类问题，可采用的计算分析方法有理论分析法、简化单自由度分析法和数值分析法。理论分析法是利用弹塑性动力学、断裂力学、损伤力学、冲击动力学、应力波理论和能量原理等基本力学原理进行分析。虽然理论分析法可以给出结构构件较精确的动力反应，但是由于爆炸冲击波荷载、材料本构关系和边界条件的复杂性，在实际应用中受到很大限制，只能解决少数理想条件的简单问题。等效单自由度计算方法可以基本描述结构构件在爆炸荷载作用下整体动力反应特征，在实际工程中得到广泛的应用。有限元数值分析方法可以综合考虑爆炸空气冲击波荷载的复杂时程、材料在爆炸冲击波荷载作用下的复杂本构关系、结构构件的复杂边界条件、材料的局部损伤，分析工程结构的受爆响应，是工程结构抗爆分析的有力工具。

5.2 应力波分析法

5.2.1 应力波简介

物体在冲击荷载和静荷载下的力学响应往往显著不同。例如，炮弹击打靶板时往往会在靶板的背面造成层裂崩落，碎甲弹对坦克装甲的破坏正类似于此。这一现象与应力波在固体介质中的传播密切相关。

固体力学的静力学理论研究的是处于静力平衡状态下的固体介质，以忽略惯性作用为前提，只适应于荷载强度随时间不发生显著变化的条件。而冲击荷载以荷载作用的短历时为其特征，在以毫秒（ms）、微秒（μs）甚至纳秒（ns）计的短暂时间尺度上发生了运动参量的显著变化，例如：核爆炸中心压力可以在几微秒内突然升高到 $10^3 \sim 10^4$ GPa 量级；炸药爆炸冲击波在固体表面形成的压力也可在几微秒内突然升高到 10GPa 量级；子弹以 $10^2 \sim 10^3$ m/s 的速度射击到靶板上时，荷载总历时约几十微秒，接触面上压力可高达 $1 \sim 10$ GPa 量级。在这样的动荷载条件下，介质的微元体处于随时间迅速变化的动态过程中，对此必须计及介质微元体的惯性，这也是一个应力波传播的问题。

事实上，当外荷载作用于可变形固体表面时，一开始只有那些直接受到外荷载作用的表面介质质点离开了初始平衡位置。由于这部分介质质点与相邻介质质点之间发生了相对运动（变形），将受到相邻介质质点所给予的作用力（应力），但同时也给相邻介质质点以反作用力，因而使它们离开了初始平衡位置而运动起来。不过，由于介质质点具有惯性，相邻介质质点的运动将滞后于表面介质质点的运动。依次类推，外荷载在表面上所引起的扰动就这样在介质中逐渐由近及远传播出去而形成应力波。扰动区域与未扰动区域的界面称为波阵面，波阵面的传播速度称为波速，常见材料的应力波波速约为 $10^2 \sim 10^3$ m/s 量级。应该指出，波速与质点速度不同，前者是扰动信号在介质中的传播速度，而后者则是介质质点本身的运动速度。如果两者方向一致，称为纵波；如果两者方向垂直，则称为横波。根据波阵面几何形状的不同，有平面波、柱面波、球面波等之分。地震波、固体中的声波和超声波以及冲击波等都是应力波的常见例子。

5.2.2 应力波引起的断裂

压缩波在自由表面反射时会形成拉伸波，这些反射后的拉伸波与入射压缩波的后续部分相互作用，可能在邻近自由表面的某处造成相当高的拉应力，一旦满足材料的动态断裂准则，就会在该处引起材料的断裂。裂口足够大时，整块裂片便带着陷入其中的动量飞离。这种由压力脉冲在自由表面反射所造成的背面的动态断裂称为层裂或崩落（Spalling）。飞出的裂片称作层裂片或痂片（Scab）。图5.1（a）是炸药在厚钢板表面爆炸时发生背面层裂的示意图，图5.1（b）是水泥杆在一端受强冲击作用时于另一端产生层裂的示意图。

图 5.1　由压力脉冲在自由表面反射所造成的层裂

在上述情况下，一旦出现了层裂，也就同时形成了新的自由表面。继续入射的压缩波将在此新自由表面上反射，从而可能造成第二层层裂。依次类推，在一定条件下可形成多层层裂（Multiple Spalling），产生一系列的多层痂片。

需要强调的是，一个压力脉冲是由脉冲头部的压缩加载波及其随后的卸载波阵面所组成的。大多数工程材料往往能承受相当强的压应力波不致破坏，而不能承受同样强度的拉应力波。层裂之所以能产生，在于压力脉冲在自由表面反射后形成了足以满足动态断裂准则的拉应力。而拉应力之所以形成，实际上在于入射压力脉冲头部的压缩加载波在自由表面反射为卸载波后，再与入射压力脉冲波尾的卸载波的相互作用，或简言之在于入射卸载波与反射卸载波的相互作用。因此，压力脉冲的强度和形状对于能否形成层裂，在什么位置形成层裂（层裂片厚度）以及形成几层层裂等，具有重大影响。

最早提出的动态断裂准则是最大拉应力瞬时断裂准则。按此准则，一旦拉应力达到或超过材料的抗拉临界值 σ_c，即：

$$\sigma \geqslant \sigma_c \tag{5.1}$$

则立即发生层裂，σ_c 为材料动态断裂强度，表征材料抗动态断裂性能。这一准则在形式上是静强度理论中的最大正应力准则在动态情况下的推广，认为断裂是在满足此准则的瞬时发生的，属于时间无关断裂理论。σ_c 一般由动态试验确定，通常比静态的强度 σ_b 高。

与层裂中压力脉冲的反射卸载波与入射卸载波相互作用后产生拉应力而导致断裂的情况类似，当压应力波向由两自由表面相交构成的角部传播时，两自由表面所反射的卸载拉伸波相遇时也将形成净拉应力而可能导致断裂，称为角裂，如图5.2所示。

如果压应力波在两自由表面反射的卸载拉伸波在物体的中心部分相遇，则可能导致所谓的心裂，如图5.3所示。层裂、角裂和心裂都与应力波的反射现象有关。

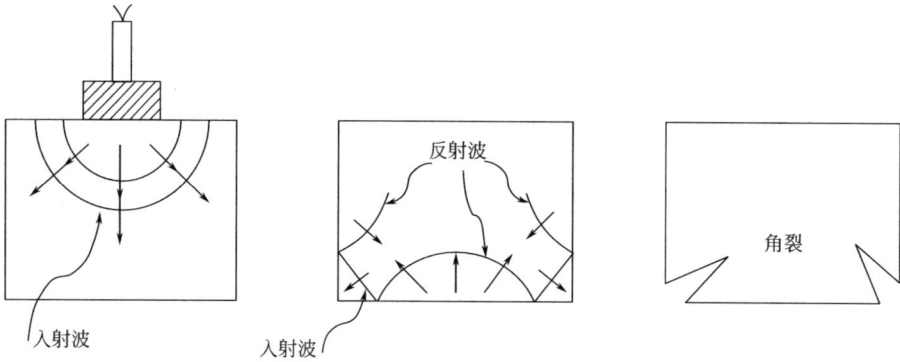

图 5.2　两相交自由表面反射的卸载拉伸波导致的角裂

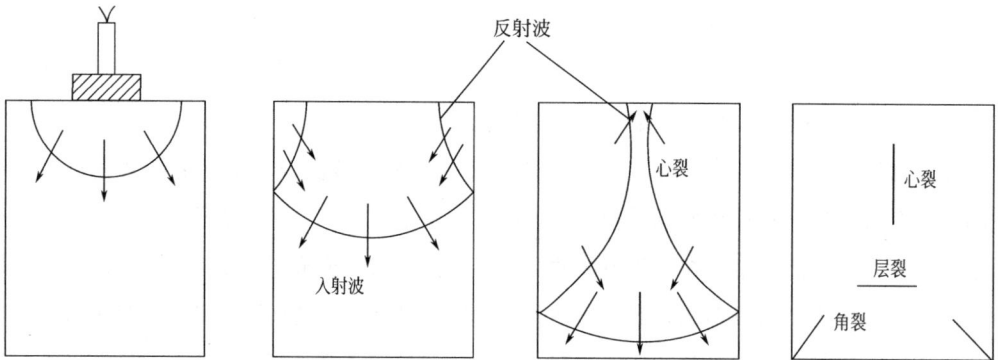

图 5.3　两自由表面反射的卸载拉伸波在物体中心部分相遇导致的心裂

5.3　等效单自由度法

5.3.1　单自由度体系基本概念介绍

结构动力分析中常采用等效单自由度体系（SDOF，图 5.4）对楼板（图 5.4a）、梁（图 5.4b）和刚架（图 5.4c）等进行简化分析，等效体系的位移、速度、加速度与实际结构中某个关键点（Significant Point）的对应量值相等，知道了等效单自由度体系的这些参数，就得到了实际结构该关键点的响应。

在构建等效单自由度模型时，选取构件的形函数（或称为变形模态）是非常重要的。合适的形函数，能够准确描述结构在振动时的变形模式，从而使得 SDOF 模型能够更准确地模拟实际结构的动态响应。为简化分析，通常采用静挠曲线（或第一振型）来描述结构变形模式。但需要注意的是，静态形函数主要适用于描述静态荷载下的结构变形，而在动

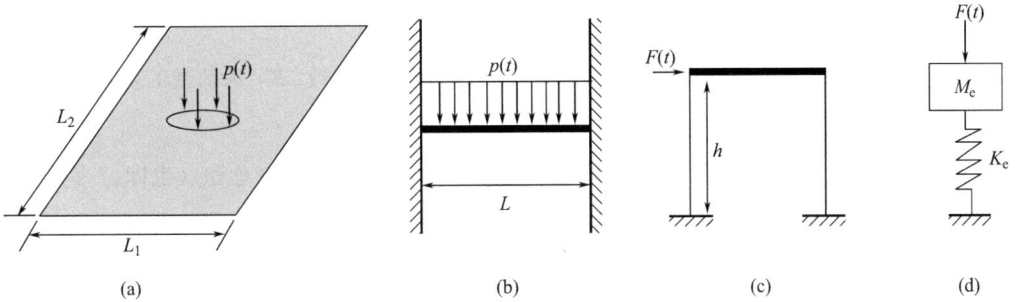

图 5.4　等效单自由度体系

态分析中结构的高阶变形模态可能被激发，并与静载下的变形模态产生显著差别。为了准确捕捉结构的动态响应，有时需要使用基于模态分析得到的动态形函数，或者根据实际动力学特性来调整模型中的形函数，以便更准确地模拟振动行为、频率响应和结构的整体动力特性。

下面以梁和单向板、双向板以及柱为例介绍如何建立等效单自由度模型。

5.3.2　梁和单向板的等效单自由度体系模型

若结构构件在与爆炸荷载相应静载下的静变位形状记为 $y(z)=\phi(z)$，假定等效集中质量处的位移与构件关键位置处的实际位移相等，则由动能相等条件和外力功相等条件，可定义等效质量和等效荷载为：

$$M_{eq}=\int_0^L m(z)\phi^2(z)\mathrm{d}z/\phi^2(z_0) \tag{5.2}$$

$$F_{eq}(t)=\int_0^L F(z,t)\phi(z)\mathrm{d}z/\phi(z_0) \tag{5.3}$$

其中，$m(z)$ 和 $F(z,t)$ 分别为质量和作用荷载在真实结构上的分布函数；z_0 为关键位置；M_{eq} 为等效集中质量；$F_{eq}(t)$ 为等效集中荷载。

定义质量与荷载变换系数为：

$$K_M=M_{eq}/\int_0^l m(z)\mathrm{d}z=M_{eq}/\overline{M} \tag{5.4}$$

$$K_L=F_{eq}(t)/\int_0^L F(z)\mathrm{d}z=F_{eq}/\overline{F} \tag{5.5}$$

其中，$\overline{M}$ 为真实结构的质量总和；$\overline{F}$ 为真实结构的荷载总和。

因为假设等效单自由度体系的质点位移与实际结构关键位置处的位移相等，故有：

$$F_{eq}(t)/K_{eq}=\overline{F}/K_0=F_{eq}/(K_L K_0) \tag{5.6}$$

因此可以推出等效单自由度体系的等效刚度和刚度变换系数分别为：

082

$$K_{eq} = K_0 \cdot K_L \tag{5.7}$$

$$K_K = K_{eq}/K_0 = K_L \tag{5.8}$$

其中，K_{eq} 为等效单自由度体系的等效刚度；K_K 为刚度变换系数；K_L 为荷载的换算系数；K_0 为梁的实际刚度。

由于最大抗力是结构所能承受的具有给定分布形式的静荷载的总和（也即位移达到极限值时的静荷载之和），而刚度等于同样分布形式的引起关键点单位位移的荷载总和，抗力的换算系数 K_R 恒等于荷载的换算系数 K_L，也即：

$$K_R = R_{eq}/R_m = K_L \tag{5.9}$$

其中，R_m 为真实结构的抗力；R_{eq} 为等效体系的抗力。

定义荷载-质量系数为质量系数与荷载系数的比值：

$$K_{LM} = K_M/K_L \tag{5.10}$$

对于理想弹塑性体系，等效单自由度体系的运动方程可表示为：

$$K_{LM}\overline{M}\ddot{y} + K_0 y = \overline{F}(t) \quad (弹性阶段) \tag{5.11}$$

$$K_{LM}\overline{M}\ddot{y} + R_m = \overline{F}(t) \quad (塑性阶段) \tag{5.12}$$

弹性阶段，等效单自由度体系的自振频率和周期分别为：

$$\omega_{eq}^2 = \left| \frac{K_0}{K_{LM}\overline{M}} \right| \tag{5.13}$$

$$T_{eq} = 2\pi \left| \frac{K_0}{K_{LM}\overline{M}} \right|^{-1/2} \tag{5.14}$$

上面在推导等效单自由度体系的等效质量、等效荷载和等效刚度时，采用等效单自由度体系的位移与原结构关键位置位移相等的假定，然后利用动能相等和外力功相等条件，但是却没有采用应变能相等条件。当采用动能相等、外力功相等和应变能相等条件时，推导得出的等效质量、等效荷载与前面一样，但是等效刚度计算公式将与前面有所不同，假定构件处于弹性阶段，且位移函数为 $\phi(z)$，则梁的应变能为：

$$(S \cdot E \cdot)_1 = \int_0^L \frac{M^2}{2EI}dz = \frac{EI}{2}\int_0^L (\frac{d^2\phi(z)}{dz^2})^2 dz \tag{5.15}$$

等效单自由度体系的应变能为：

$$(S \cdot E \cdot)_2 = \frac{K'_{eq}}{2}\phi^2(z_0) \tag{5.16}$$

由应变能相等原理，可以推出：

$$K'_{eq} = \frac{EI\int_0^L (\frac{d^2\phi(z)dz}{dz^2})dz}{\phi^2(z_0)} \tag{5.17}$$

等效单自由度体系的圆频率为：

$$\omega'_{eq}=\sqrt{\frac{K'_{eq}}{M_{eq}}}=\alpha'\sqrt{\frac{EI}{mL^4}} \tag{5.18}$$

式（5.7）表示的等效刚度 K_{eq} 与式（5.17）表示的等效刚度 K'_{eq} 显然不同。为了分析两种等效刚度以及变形形状函数的影响，以弹性简支梁为例进行对比分析，计算结果如表 5.1 所示。

第一种为静变形形状：

$$y(z)=\left[\left(\frac{z}{L}\right)-2\left(\frac{z}{L}\right)^3+\left(\frac{z}{L}\right)^4\right]y_{max} \tag{5.19}$$

第二种为第一振型：

$$y(z)=y_{max}\sin\frac{\pi z}{L} \tag{5.20}$$

简支梁的静刚度为：

$$K_0=\frac{384EI}{5L^3} \tag{5.21}$$

实际圆频率为：

$$\omega=\pi^2\sqrt{\frac{EI}{mL^4}}\approx 9.8696\sqrt{\frac{EI}{mL^4}} \tag{5.22}$$

两种等效体系的等效圆频率分别为：

$$\omega_{eq}=\sqrt{\frac{K_{eq}}{M_{eq}}}=\alpha\sqrt{\frac{EI}{mL^4}} \tag{5.23}$$

$$\omega'_{eq}=\sqrt{\frac{K'_{eq}}{M_{eq}}}=\alpha'\sqrt{\frac{EI}{mL^4}} \tag{5.24}$$

弹性简支梁在不同假设变形形状条件下等效单自由度体系的等效系数　　　　表 5.1

变形曲线	K_M	K_L	K_{eq}/K_0	K'_{eq}/K_0	α	α'
静变形形状	0.5026	0.64	0.64	0.64	9.889	9.889
第一振型	0.500	0.6366	0.6366	0.634	9.888	9.868

由表 5.1 可以看出：采用静变形形状和第一振型结果基本一致；采用静变形形状得出的 K_{eq} 与 K'_{eq} 完全相等，但第一振型得出的 K_{eq} 与 K'_{eq} 有差异。说明采用静变形形状满足能量相等、外力功相等和应变能相等基本力学原则，可以给出更好的结果。

真实结构的支座动反力在单自由度等效体系中没有直接对应量，即等效单自由度体系的反力与真实结构的反力不一样。这是由于等效单自由度体系是按照动位移与真实体系相同的条件确定的，而不满足荷载或应力特征量相等的条件，但动反力可从整个构件的动力平衡中获得，此时应考虑惯性力。

动荷载下的支座反力一般可以用下式表示：

$$V(t) = \alpha_1 \cdot F(t) + \alpha_2 \cdot R(t) \tag{5.25}$$

其中，$F(t)$ 为外力函数；$R(t)$ 为抗力函数。上式也适用于弹性静力条件，此时 $F = R$。

以弹性简支梁受均布荷载作用为例。采用静变形形状作为变形函数，取一半跨度，通过惯性力作用线 $z = z_a$ 的力矩可以得到：

$$V \cdot z_a - M_{z=L/2} - \frac{\overline{F}}{2}\left(z_a - \frac{L}{4}\right) = 0 \tag{5.26}$$

其中，V 为支座剪力；$M_{z=L/2}$ 为跨中弯矩；$\overline{F}$ 为梁上作用总荷载；z_a 为一半梁的惯性力作用点到支座距离。

对于弹性状态，可由静变形形状确定惯性力的合力位置和跨中弯矩：

$$z_a = \frac{\displaystyle\int_0^{L/2}(L^3 - 2L \cdot z^2 + z^3)z\,\mathrm{d}z}{\displaystyle\int_0^{L/2}(L^3 - 2L \cdot z^2 + z^3)\,\mathrm{d}z} = \frac{61}{192}L \tag{5.27}$$

$$M_{z=L/2} = \frac{48EI}{5L^2}y_{\max} \tag{5.28}$$

代入式（5.26），可以推出弹性状态梁的动反力是：

$$V(t) = \frac{30.216EI}{L^3}y_{\max} + 0.1066\overline{F} \tag{5.29}$$

如果在最大荷载出现前构件出现屈服，那么用该梁的塑性弯矩 M_p 代替跨中的弯矩 $M_{z=L/2}$，则对于构件屈服后的塑性状态，有：

$$V(t) = \frac{192M_p}{61L} + 0.1066\overline{F} \tag{5.30}$$

进一步用最大抗力 R_m 表示 M_p，有 $M_p = \dfrac{R_m}{8}L$，进一步可得：

$$V(t) = \frac{24R_m}{61} + 0.1066\overline{F} \approx 0.39R_m + 0.11\overline{F} \tag{5.31}$$

上述结果是按照梁静变形形状推导的，直到梁出现屈服，都是适用的。当梁跨中出现塑性铰后，采用理想刚塑性假定，假定变形形状为：

$$y(z) = \frac{2z}{L}y_{\max}, \ 0 \leqslant z \leqslant \frac{L}{2} \tag{5.32}$$

$$y(z) = 2y_{\max} - \frac{2z}{L}y_{\max}, \ \frac{L}{2} < z \leqslant L \tag{5.33}$$

可以推出：

$$V(t) = \frac{3}{L}M_p + \frac{1}{8}\overline{F} \approx 0.38R_m + 0.12\overline{F} \tag{5.34}$$

下面简单分析一下弹性简支梁的支座反力增大系数。

假定一简支梁在均布静力荷载 q_{max} 作用下处于弹性状态，则其跨中最大位移和支座反力分别为：

$$y_{max} = 5q_{max}L^4/(384EI) \tag{5.35}$$

$$V_{max} = 0.5q_{max}L \tag{5.36}$$

假定该简支梁在均布动荷载 q_{max} 作用下也处于弹性状态，则其跨中最大位移为：

$$y'_{max} = 2y_{max} = 2 \times 5q_{max}L^4/(384EI) \tag{5.37}$$

由式（5.29）和式（5.37）可以推出梁端部最大支座反力为：

$$V'_{max} = \frac{30.216EI}{L^3}y'_{max} + 0.1066\overline{F} = 0.7869q_{max}L + 0.1066q_{max}L = 0.8935q_{max}L \tag{5.38}$$

所以支座反力放大倍数为：

$$\beta' = V'_{max}/V_{max} = 0.8935/0.5 = 1.787 \tag{5.39}$$

由上述分析可知，简支梁在弹性状态下，支座反力增大系数为 $\beta' = 1.787$，与跨中位移增大系数 $\beta = 2$ 接近。当梁在动荷载作用下进入塑性状态时，支座反力由式（5.30）和式（5.34）计算，其最大支座反力与梁的塑性极限弯矩有关。在梁的抗爆设计时，经常采用梁的塑性变形消耗爆炸空气冲击波能量，梁的塑性极限弯矩越小，产生的支座反力也就越小，但是跨中位移却会变得非常大。所以在实际工程应用时要平衡好两者之间的关系。

对于图 5.5 所示的一端固定一端简支超静定梁，在位移达到 y_1 前（固定端形成塑性铰），梁的初始刚度为 K_1，当 $y_1 \leqslant y \leqslant y_2$ 时，刚度为 K_2，其中 y_2 为跨中形成塑性铰时的位移，此时梁达到其最大抗力。由于塑性铰不是瞬间形成的，所以二折线表示 $0 \leqslant y \leqslant y_2$ 内的抗力是对实际情况的简化处理。若要用等效单自由度体系分析，则还需要进一步理想化，采用一个等效刚度 K_{ef} 和耗能相等假设，即使真实体系和等效体系在抗力-位移下的面积相等。在选定了等效刚度和变形形状函数后，就可以用上面求得的各种变换系数，把真实结构的质量、荷载和刚度变换成单自由度体系的等效特征量。

虽然对于各种结构构件及体系都能求出它们的变换系数，但这种方法仅仅对于比较简单的体系才是有效的。表 5.2 和表 5.3 分别给出了静定梁和超静定梁的变换系数。表 5.2 中 M_p 为构件的极限弯矩或塑性抗弯强度，且假定构件不发生抗剪失效，表 5.3 中 M_{ps} 为支座极限弯矩，M_{pm} 为跨中极限弯矩。

对表 5.2 中的静定梁，给出的最大抗力和弹簧常数与真实体系的一样，若要求出等效体系的抗力，还应乘以荷载系数。

对表 5.3 中的超静定梁，给出的最大抗力是指发生在变形各阶段上限时的抗力，每个阶段的弹簧刚度也列于表中，同时还给出了弹簧刚度的等效值，该值适用于所有阶段，即图 5.5 中的 K_{ef}。

(a) 一端固接一端铰接梁示意图

(b) 简化示意图

(c) 等效单自由度简化示意图

(d) 等效刚度计算示意图

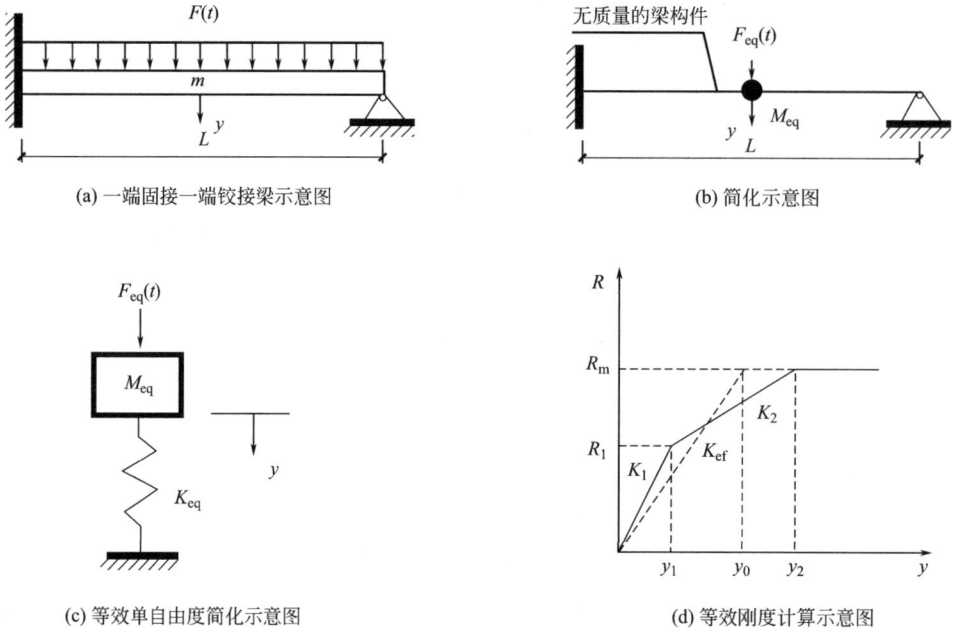

图 5.5 超静定梁的等效单自由度体系示意图

静定梁与单向板的变换系数（集中质量位于最大位移点） 表 5.2

荷载简图	变形阶段	荷载系数 K_L	质量系数 K_M	荷载质量系数 K_{LM}	最大抗力 R_m	弹簧常数 K	动反力 V
$F=PL$ L	弹性	0.64	0.50	0.78	$\dfrac{8M_p}{L}$	$\dfrac{384EI}{5L^3}$	$V=0.39R+0.11F$
	塑性	0.50	0.33	0.66	$\dfrac{8M_p}{L}$	0	$V=0.38R_m+0.12F$
$F=PL$ L	弹性	0.4	0.26	0.65	$\dfrac{2M_{ps}}{L}$	$\dfrac{8EI}{L^3}$	$V=0.69R+0.31F$
	塑性	0.5	0.33	0.66	$\dfrac{2M_{ps}}{L}$	0	$V=0.75R_m+0.25F$

超静定梁与单向板的变换系数（集中质量位于最大位移点） 表 5.3

荷载简图	变形阶段	荷载系数 K_L	质量系数 K_M	荷载质量系数 K_{LM}	最大抗力 R_m	弹簧常数 K	动反力 V
$F=PL$ L	弹性	0.53	0.41	0.77	$\dfrac{12M_{ps}}{L}$	$\dfrac{384EI}{L^3}$	$V=0.36R+0.14F$

续表

荷载简图	变形阶段	荷载系数 K_L	质量系数 K_M	荷载质量系数 K_{LM}	最大抗力 R_m	弹簧常数 K	动反力 V
（弹塑性时有效弹簧长度 $K_{ef}=\dfrac{307EI}{L^3}$）	弹塑性	0.64	0.50	0.78	$\dfrac{8(M_{ps}+M_{pm})}{L}$	$\dfrac{384EI}{5L^3}$	$V=0.39R+0.11F$
	塑性	0.50	0.33	0.66	$\dfrac{8(M_{ps}+M_{pm})}{L}$	0	$V=0.38R_m+0.12F$
（弹性、弹塑性、塑性时有效弹簧长度 $K_{ef}=\dfrac{160EI}{L^3}$）	弹性	0.58	0.45	0.78	$\dfrac{2M_{ps}}{L}$	$\dfrac{185EI}{L^3}$	$V_1=0.26R+0.12F$ $V_2=0.43R+0.19F$
	弹塑性	0.64	0.50	0.78	$\dfrac{4(M_{ps}+2M_{pm})}{L}$	$\dfrac{384EI}{5L^3}$	$V=0.39R+0.11\pm\dfrac{M_{ps}}{L}$
	塑性	0.50	0.33	0.66	$\dfrac{4(M_{ps}+2M_{pm})}{L}$	0	$V=0.38R_m+0.12\pm\dfrac{M_{ps}}{L}$

对于梁或单向板的等效单自由度模型，有以下几点结论：

（1）如果假设的变形形状符合该分布体系的特征，则可以保证运动的等效性。

（2）梁的静变形形状的等效刚度可由该分布体系的静刚度和荷载系数确定。

（3）对于均布荷载，第一振型形状和静变形形状给出非常类似的结果。

（4）对于非均布荷载，因为挠曲形状并非十分符合第一振型形状，所以使用静变形形状就会得到更好的结果。

（5）一般来说，阻尼对连续振动问题比短持时荷载所引起的最大效应有更大的影响。爆炸荷载一般持时短，荷载持时内阻尼的影响非常小，可以忽略不计阻尼的影响，但爆炸荷载作用结束后的自由振动响应阶段阻尼影响不可忽略。

（6）对于塑性状态，常采用理想刚塑性假定。

当梁或单向板发生屈服时，等效单自由度体系的位移和实际单自由度体系的位移将产生差异，这是因为，屈服后质量、荷载系数将发生变化。一种简单近似的处理方法是，如果预期的状态是弹性的，那么就使用弹性范围内的数值；如果预期的状态是明显塑性的，那么就使用塑性状态的数值；如果预期的状态有少量的屈服，就采用上面两种情况的平均值。

5.3.3 双向板的等效单自由度体系模型

图5.6是双向板在静力荷载作用下的典型简化位移-抗力曲线。其中 r_e 表示弹性极限抗力；r_u 表示最终极限抗力；x_e 表示弹性变形；x_p 表示弹塑性极限变形；x_1 表示塑性极限变形；

x_u 表示最终极限变形。与 5.3.2 节梁和单向板的一维等效单自由度模型相同，双向板等效单自由度分析的前提是确定图 5.6 的各静力参数。

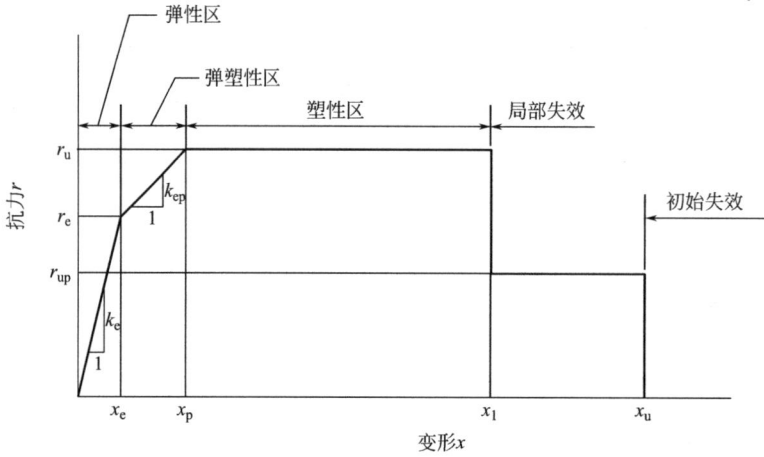

图 5.6　双向板的典型位移-抗力曲线

通常采用屈服线理论来计算双向板的极限承载力，图 5.7 给出了双向板在不同边界约束条件下的屈服线位置示意图。

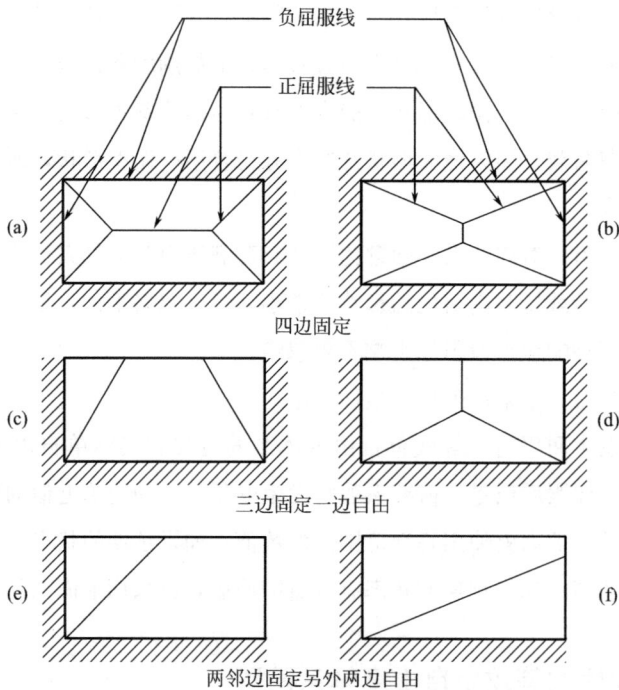

图 5.7　双向板的屈服线位置图

　　下面用一个示例来说明如何确定双向板的极限承载力。图 5.8 给出了假设的屈服线位置，然后利用虚功原理计算双向板的极限承载力。

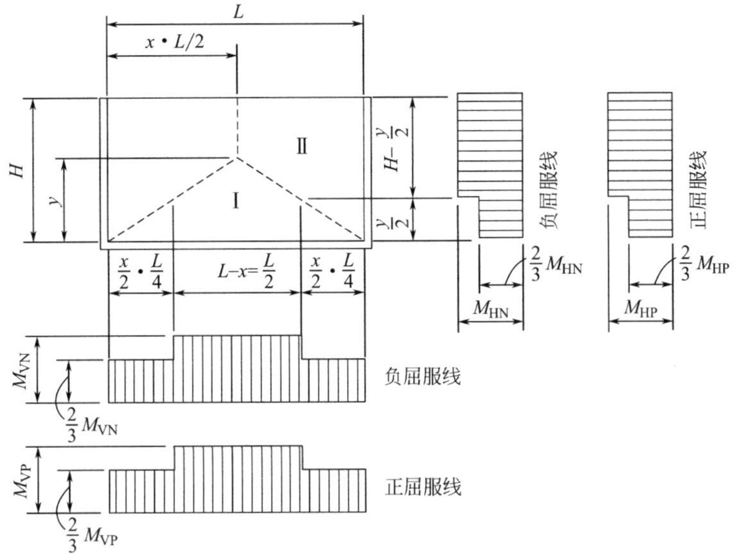

(a) 屈服线和弯矩分配

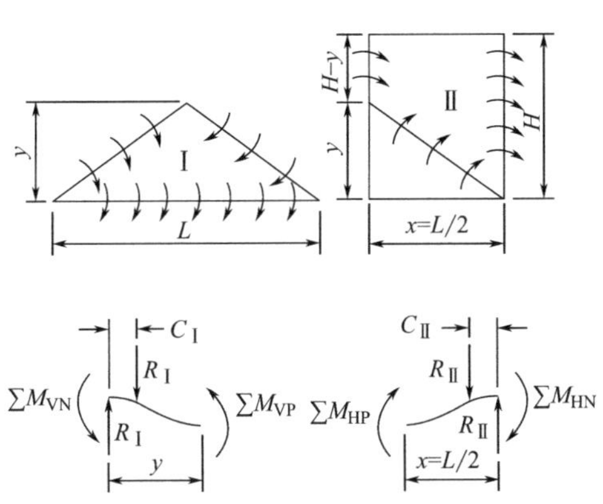

(b) 分离体图示

图 5.8　确定双向板抗力示意图

　　根据虚功原理，可以计算出图 5.8（b）中各分离体的平衡方程为：

$$\sum M_N + \sum M_P = R \cdot C = r_u \cdot A \cdot C \tag{5.40}$$

图中及式中，$\sum M_N$ 表示沿着周边（负屈服线）的极限抗弯能力；$\sum M_P$ 表示沿着内部屈服线（正屈服线）的极限抗弯能力；R 表示每个分离体上总的抗力；C 表示分离体重心距离转动轴的距离；r_u 表示单位面积上的抗力；A 表示每个分离体的面积；M_{HN}、M_{VN} 分别表示周边（负屈服线）的极限抗弯能力在水平向、垂直向的分量；M_{HP}、M_{VP} 分别表示内部屈服线（正屈服线）的极限抗弯能力在水平向、垂直向的分量。

分析过程的第一步是假定屈服线的位置，通常屈服线位置要通过试算才能确定，对于图中假定的屈服线位置，可以建立每个分离体的虚功方程。表 5.4、表 5.5 给出了不同约束条件下双向板的极限抗力。

双向板的极限抗力 r_u（对称屈服线情况）　　　　　表 5.4

边界条件	屈服线位置	范围	极限单元抗力
两邻边支撑，另两边自由		$x \leqslant L$	$\dfrac{5(M_{HN}+M_{HP})}{x^2}$ 或 $\dfrac{6LM_{VN}+(5M_{VP}-M_{VN})x}{H^2(3L-2x)}$
		$y \leqslant H$	$\dfrac{5(M_{VN}+M_{VP})}{y^2}$ 或 $\dfrac{6HM_{HN}+(5M_{HP}-M_{HN})y}{L^2(3H-2y)}$
三边支撑，一边自由		$x \leqslant \dfrac{L}{2}$	$\dfrac{5(M_{HN}+M_{HP})}{x^2}$ 或 $\dfrac{2M_{VN}(3L-x)+10xM_{VP}}{H^2(3L-4x)}$
		$y \leqslant H$	$\dfrac{5(M_{VN}+M_{VP})}{y^2}$ 或 $\dfrac{4(M_{HP}+M_{HN})(6H-y)}{L^2(3H-2y)}$
四边支撑		$x \leqslant \dfrac{L}{2}$	$\dfrac{5(M_{HN}+M_{HP})}{x^2}$ 或 $\dfrac{8(M_{VN}+M_{VP})(3L-x)}{H^2(3L-4x)}$
		$y \leqslant \dfrac{H}{2}$	$\dfrac{5(M_{VN}+M_{VP})}{y^2}$ 或 $\dfrac{8(M_{HP}+M_{HN})(3H-y)}{L^2(3H-4y)}$

双向板的极限抗力 r_u（非对称屈服线情况）　　　　　表 5.5

边界条件	屈服线位置	范围	极限单元抗力
两邻边支撑，另两边自由		$x \leqslant L$	$\dfrac{5(M_{HN}+M_{HP})}{x^2}$ 或 $\dfrac{6LM_{VN}+(5M_{VP}-M_{VN})x}{H^2(3L-2x)}$
		$y \leqslant H$	$\dfrac{5(M_{VN}+M_{VP})}{y^2}$ 或 $\dfrac{6HM_{HN}+(5M_{HP}-M_{HN})y}{L^2(3H-2y)}$

续表

边界条件	屈服线位置	范围	极限单元抗力
三边支撑，一边自由		$x \leqslant \dfrac{L}{2}$	$\dfrac{5(M_{HN1}+M_{HP})}{x_1^2}$ 或 $\dfrac{5(M_{HN2}+M_{HP})}{x_2^2}$ 或 $\dfrac{(5M_{VP}-M_{VN2})(x_1+x_2)+6M_{VN2}L}{H^2(3L-2x_1-2x_2)}$
		$y \leqslant H$	$\dfrac{5(M_{VN3}+M_{VP})}{y^2}$ 或 $\dfrac{(M_{HP}+M_{HN1})(6H-y)}{x^2(3H-2y)}$ 或 $\dfrac{(M_{HP}+M_{HN2})(6H-y)}{(L-x)^2(3H-2y)}$
四边支撑		$x \leqslant \dfrac{L}{2}$	$\dfrac{5(M_{HN1}+M_{HP})}{x_1^2}$ 或 $\dfrac{(M_{VN2}+M_{VP})(6L-x_1-x_2)}{y^2(3L-2x_1-2x_2)}$ 或 $\dfrac{5(M_{HN2}+M_{HP})}{x_2^2}$ 或 $\dfrac{(M_{VN2}+M_{VP})(6L-x_1-x_2)}{(H-y)^2(3L-2x_1-2x_2)}$
		$y \leqslant \dfrac{H}{2}$	$\dfrac{5(M_{VN1}+M_{VP})}{y_1^2}$ 或 $\dfrac{(M_{HN1}+M_{HP})(6H-y_1-y_2)}{x^2(3L-2y_1-2y_2)}$ 或 $\dfrac{5(M_{VN2}+M_{VP})}{y_2^2}$ 或 $\dfrac{(M_{HN2}+M_{HP})(6H-y_1-y_2)}{(L-x)^2(3L-2y_1-2y_2)}$

5.4　数值分析法

在工程抗爆分析和设计中，由于爆炸荷载、材料动态特性以及结构本身的复杂性，简化理论方法很难给出精细的分析结果，常需借助数值分析方法，例如动力非线性有限元技术。数值分析法的优点是可以综合考虑爆炸空气冲击波荷载的复杂时程曲线、爆炸冲击波荷载作用下材料的复杂本构关系、复杂边界条件、材料局部损伤等，也可以进行结构工程的整体动力分析。

根据对非线性动力微分方程求解方式（积分方法）的不同分为隐式求解法和显式求解法两种。隐式求解法最显著的特点是求解结果的无条件稳定性，积分时间步长只与求解精度有关，但是由于积分过程需要对刚度矩阵求逆，对于非线性问题，由于刚度矩阵随时间步长随时变化，所以运算量将非常巨大，隐式积分法常用的为 Newmark-β 法；显式求解法最显著的优点是当质量矩阵为对角阵时，运动方程的时间积分不需要求解任何方程，积分过程简单，运算速度快，但是显式积分法是条件稳定的，积分步长有一临界值，当步长大于该值时，积分结果将是不稳定的，任何微小的输入误差将导致最后计算结果严重失真，显式积分法常采用中心差分法。

由于爆炸荷载作用时间非常短暂，所以爆炸响应分析常采用显式积分法，常用的商业软件有 ABAQUS，LS-DYNA，DYNA3D 和 AUTODYNA 等，每种分析软件都有自身特有的单元库和材料库，分析时要根据实际情况选用合适的单元类型和材料模型；建立数值模型时应根据结构的实际受力特点进行合理简化；而且必须通过数值模型的网格收敛性分析确定网格划分和网格尺寸。

附录 E 给出了钢筋混凝土柱及夹层玻璃受爆响应的数值分析示例，供读者参考。

思考题

1. 简述结构抗爆分析的常用方法及各方法适用条件。
2. 简述单自由度等效原则与单自由度体系建立方法。
3. 试思考建立有效数值模型需考虑的因素。

第6章
建筑抗爆设计

结构或构件在爆炸冲击波荷载作用下的破坏模式可大致分为三种：（1）当爆炸源距离非常近时，作用在结构或构件上的局部爆炸冲击波荷载会非常大，最终导致局部破坏；（2）当比例距离较小时，结构构件上作用的爆炸冲击波荷载不均匀，可能产生整体或局部的冲切破坏；（3）当比例距离较大时，结构或构件上作用的爆炸冲击波荷载比较均匀，变形以整体弯曲型为主，最终表现为整体弯曲破坏或剪切破坏。对于第（1）类破坏模式，主要由于应力波引起的局部材料失效，属于第5章中提到的第一类问题；对于第（2）和第（3）类破坏模式，主要源于结构或构件的整体振动，属于第5章中提到的第二类问题，也是本章关注的重点。

6.1　抗爆简化设计方法

6.1.1　等效单自由度法

在采用等效单自由度法进行抗爆设计时首先是建立关键构件的等效单自由度模型（详见5.3节），并输入设计爆炸荷载进行变形及内力计算，计算结果应满足表1.2～表1.4中的限值，此处不再赘述。

6.1.2　超压-冲量图

在结构抗爆设计中，超压-冲量图（Pressure-Impulse Diagram，简称P-I图）是一个重要的工具，可用于简单直观地评估结构在不同爆炸荷载作用下的毁伤程度。

图6.1给出了典型的P-I图，图中的压力和冲量分别指代爆炸冲击波参数中的超压峰值和正冲量，图中分界线（或等破坏线）代表了具有相同毁伤效应的荷载点的集合。根据爆炸超压持时 t_d 与结构自振周期 T_0 的比值范围，可进一步将 P-I 图划分为冲量区（位于等破坏线左上区域，t_d/T_0 通常小于 1/10），动力区（位于等破坏线中部，t_d/T_0 通常介于 1/10～10），准静态区（位于等破坏线右下区域，t_d/T_0 通常大于 10）。等破坏线在冲量区和准静态区分别趋近于冲量渐近线和超压渐近线，代表冲量区内冲量变化对结构毁伤起控制作用（超

压峰值不敏感），准静态区内超压峰值变化起控制作用（冲量不敏感）。爆炸荷载位于等破坏线右上区域则结构会发生该等级的毁伤，位于左下方则不足以令结构产生该等级的毁伤。

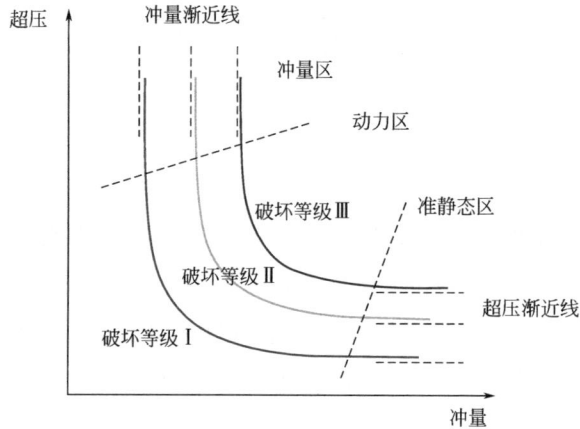

图 6.1　P-I 曲线示意图

等破坏线的等级划分可采用不同指标，如结构/构件的最大变形、残余承载力（图 6.2a）、毁伤状态（图 6.2b）等，需要根据具体情况选择合适的等破坏线划分方法和标准。

下面以理想弹性及刚性振子为例，给出超压-冲量图中超压、冲量渐近线的理论推导。

假设一理想刚塑性振子质量为 M，所受爆炸冲击波荷载为：

$$\Delta P(t) = \Delta P^+ \, e^{-t/T^+} \tag{6.1}$$

刚塑性振子抗力-位移关系为：

$$\Delta = 0, \Delta P(t) \leqslant R_s \tag{6.2}$$

$$\Delta = \infty, \Delta P(t) > R_s \tag{6.3}$$

其中，R_s 为理想刚塑性振子的抗力。

在冲量区荷载作用下，由于荷载持续时间远小于结构自振周期，荷载作用将直接转化为结构的初始速度 v_0。若荷载冲量为 I，则振子具有的初始动能 E_k 为：

$$E_k = \frac{1}{2} M v_0^2 = \left(\frac{M}{2}\right) \left(\frac{I}{M}\right)^2 = \frac{I^2}{2M} \tag{6.4}$$

结构在后续自由振动中达到最大位移 Δ_{max} 时（假定此时结构发生破坏），所具有的应变能 $E_{i,e}$ 为：

$$E_{i,e} = R_s \cdot \Delta_{max} \tag{6.5}$$

则由能量平衡关系 $E_k = E_{i,e}$，可以推出理想刚塑性振子的冲量渐近线 $I_{0,rp}$ 为：

$$\frac{I_{0,rp}}{\sqrt{\Delta_{max} M R_s}} = \sqrt{2} \tag{6.6}$$

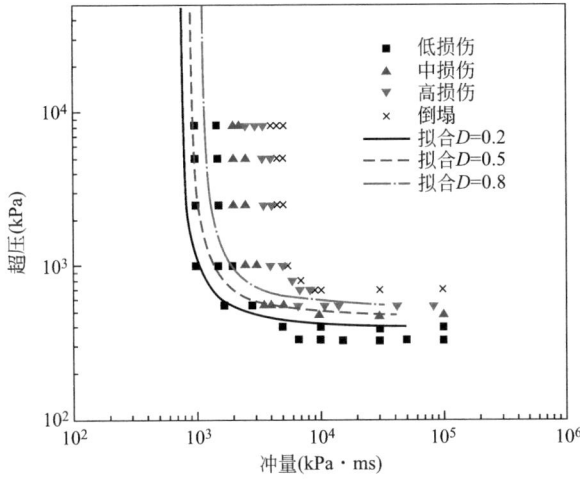

(a) 钢筋混凝土柱(Shi等，2008)

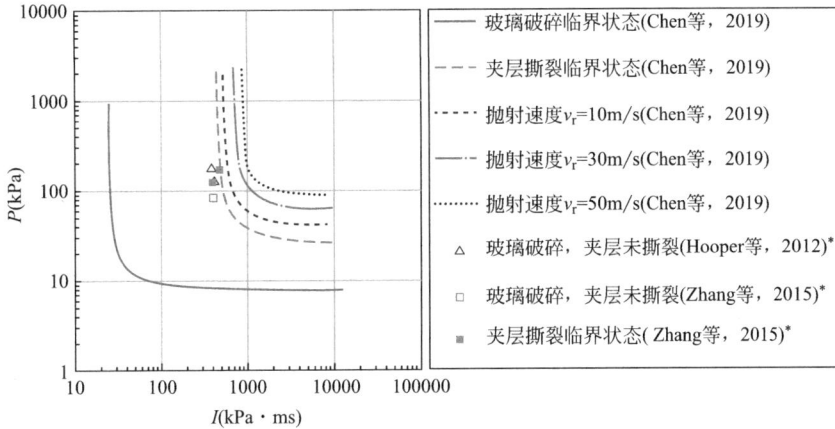

(b) PVB夹层玻璃面板(Chen等，2019，*代表试验结果)

图 6.2　典型构件的 P-I 图及毁伤等级划分

在准静态区，荷载持续时间远大于结构自振周期，且衰减缓慢，因此可视为一恒载作用 P。结构达到最大位移时，外荷载做功 W 为：

$$W = \Delta P^+ \cdot \Delta_{\max} \tag{6.7}$$

根据能量平衡关系，理想刚塑性振子的准静态渐近线为 $P_{0,\mathrm{rp}}$ 为：

$$P_{0,\mathrm{rp}}/R_\mathrm{s} = 1.0 \tag{6.8}$$

由此可以得出理想刚塑性振子的压力-冲量图，如图 6.3（a）所示。

对于等效刚度为 K 的理想弹性振子，其抗力 R_s 与位移 Δ 呈线性关系：

$$R_\mathrm{s}(\Delta) = K \cdot \Delta \tag{6.9}$$

由于抗力函数改变，弹性振子在达到最大位移 $\Delta_{\max}$ 时所具有的应变能为：

$$E_{\mathrm{i,rp}} = \frac{1}{2} \cdot K \cdot \Delta_{\max}^2 \tag{6.10}$$

根据能量平衡关系,理想弹性振子的冲量渐近线 $I_{0,e}$ 和准静态渐近线分别为:

$$\frac{I_{0,e}}{\Delta_{max}\sqrt{KM}}=1 \tag{6.11}$$

$$\frac{2P_{0,e}}{K\Delta_{max}}=1 \tag{6.12}$$

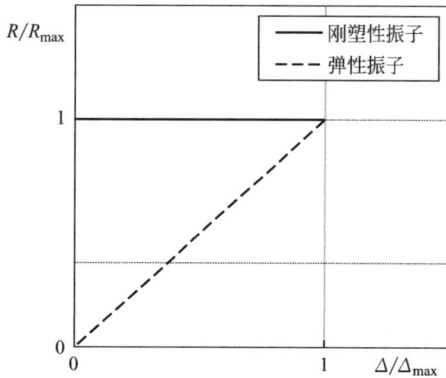

(a) 理想刚塑性、弹性振子抗力曲线   (b) 无量纲压力-冲量图

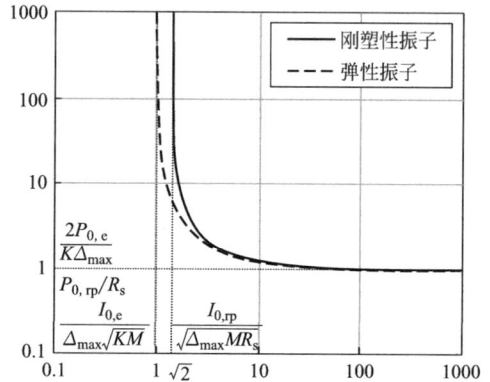

图 6.3 承受爆炸荷载的理想刚塑性、弹性振子的压力-冲量图

6.2 钢筋混凝土结构抗爆设计

钢筋混凝土结构抗爆设计中,最重要的是保证钢筋混凝土构件的延性,通过提高钢筋混凝土构件的延性,避免构件在爆炸作用下发生脆性破坏(如剪切破坏,局部破坏)。钢筋混凝土构件的延性与构件跨度、构件截面高度、构件受力形式和配筋等有关。图 6.4 给出了钢筋混凝土受弯构件的变形-抗力曲线。

从图中可以看出,是否配置箍筋及配置箍筋的形式对钢筋混凝土构件的延性有显著影响。在没有箍筋的情况下,在支座转角达到 $\theta=2°$ 时,构件即发生破坏;当配有单支箍筋(图 6.5)时,在支座转角达到 $\theta=4°$ 时,构件发生破坏;当配置有连续箍筋(图 6.6)时,发生破坏时支座转角可以达到 $\theta=12°$。在没有配置抗剪箍筋的情况下,受压区混凝土的破坏就可以造成构件破坏;在配有受剪箍筋的情况下,受压区混凝土破坏后,其承担的荷载可以由受压区钢筋来承担;在配置单支箍筋的情况下,受压钢筋所能承担的压力有限,容易发生屈曲;在配置连续箍筋的情况下,箍筋可以起到桁架的拉杆效应,对受压钢筋起到足够的约束,受压钢筋可以承担足够大的压力,最后的破坏是由于受拉钢筋破坏所造成的。

配有连续箍筋的钢筋混凝土构件一般对称配筋,相互交错的连续箍筋起到桁架拉杆作用,

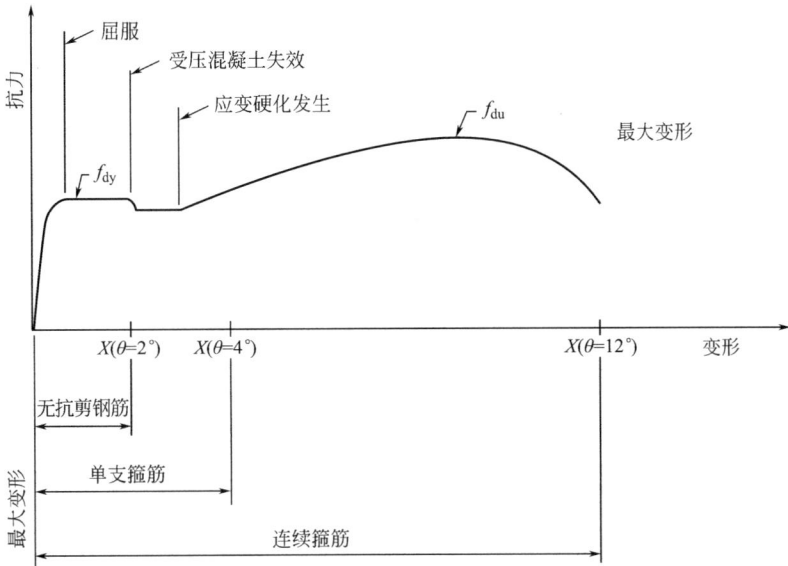

图 6.4　钢筋混凝土受弯构件的典型变形-抗力曲线（TM 5-1300，1969）

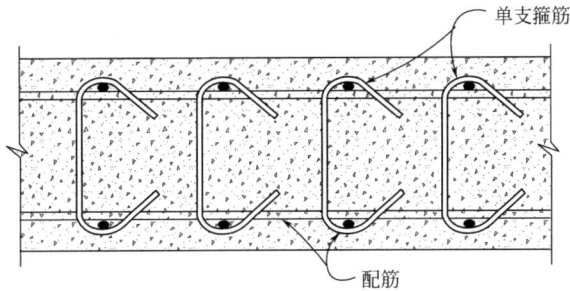

图 6.5　单支箍筋（TM 5-1300，1969）

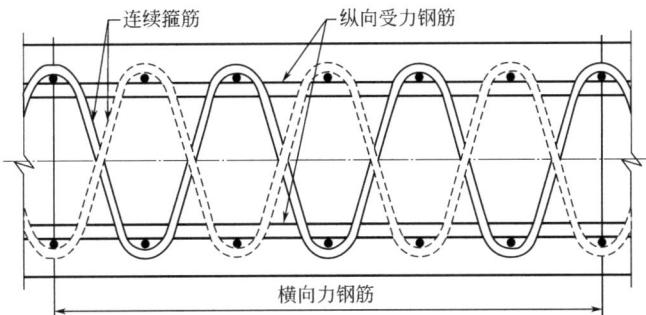

图 6.6　连续箍筋（TM 5-1300，1969）

可以把受力钢筋牢牢联系在一起，大大增强构件的变形能力。其优点具体表现在以下几方面：

（1）可以增强构件的延性，使得受拉钢筋充分发挥作用；

（2）在存在裂缝的情况下，可以把受拉、受压钢筋牢牢拉结在一起；

（3）可以防止受压钢筋的局部屈曲，从而提高构件的强度和延性；

（4）可以抵抗支座处存在的高剪应力状态；

（5）可以防止距离爆炸源较近处的高剪应力破坏；

（6）可以减小混凝土破坏后碎块的尺寸和速度。

图 6.7 和图 6.8 是配有连续箍筋与未配连续箍筋的钢筋混凝土墙的破坏对比。

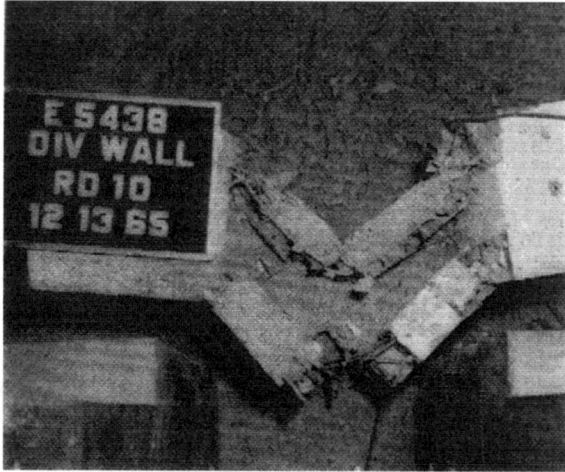

图 6.7　配有连续箍筋的钢筋混凝土墙的
破坏（TM 5-1300，1969）

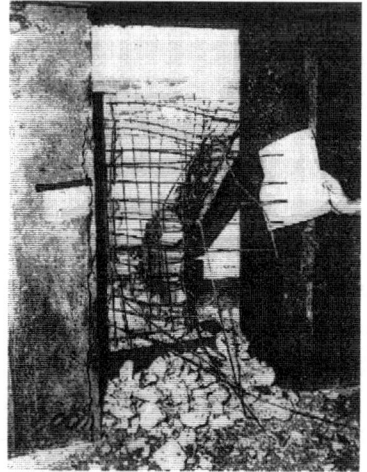

图 6.8　未配连续箍筋的钢筋混凝
土墙的破坏（TM 5-1300，1969）

　　构件端部具有足够的转动能力，是钢筋混凝土受弯构件发生大变形的另一前提（图 6.9）。在变形开始阶段，钢筋混凝土受弯构件截面内力随着跨中位移的增加而增加，在达到

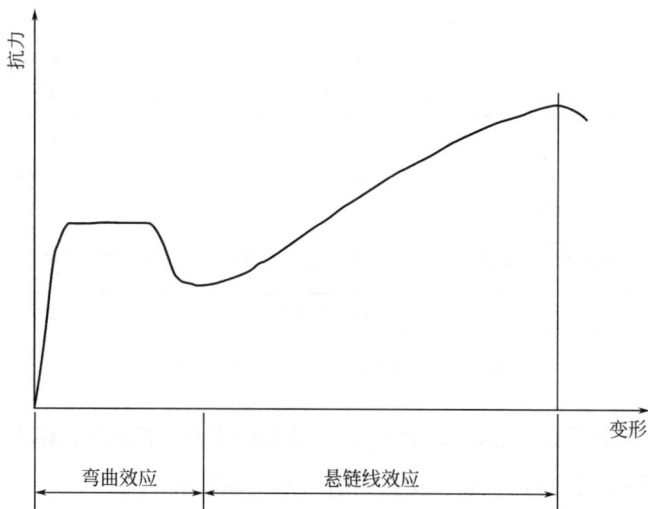

图 6.9　钢筋混凝土受弯构件的悬链线效应（TM 5-1300，1969）

受弯承载力后，有一段塑性变形阶段，随后由于受压区混凝土的压碎而导致截面承载力降低。随着变形的进一步发展，由于钢筋受拉硬化而导致截面承载力增加，构件的最终破坏是由于钢筋的受拉破坏而造成的，这样的现象称为构件的悬链线效应。

6.2.1　钢筋混凝土梁抗爆设计

根据爆炸冲击波荷载特征和构件允许变形情况，在进行钢筋混凝土构件的抗爆设计分析时，可以把钢筋混凝土构件分为三类情况（详见图6.10）：

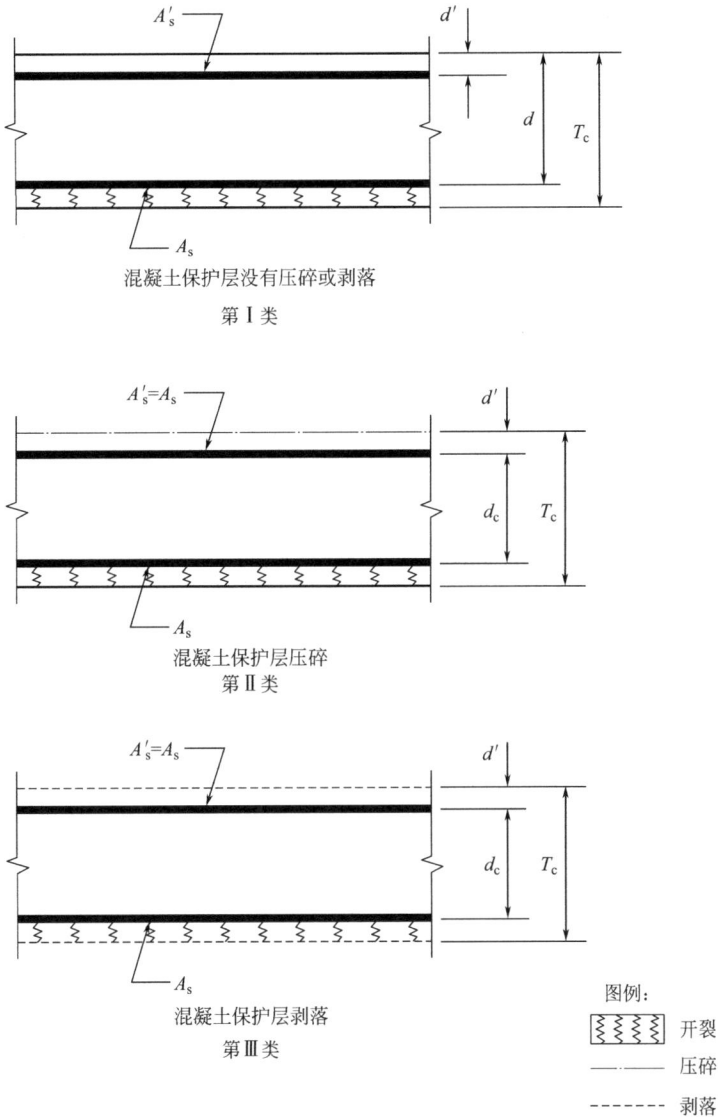

图 6.10　钢筋混凝土梁分类（TM 5-1300，1969）

（1）第Ⅰ类：爆炸冲击波荷载作用下，钢筋混凝土构件在变形过程中，钢筋表面的混凝土保护层在受压、受拉两边都没有破坏和脱落（虽然有时存在裂缝）。

（2）第Ⅱ类：爆炸冲击波荷载作用下，钢筋混凝土构件在变形过程中，受压钢筋表面的混凝土保护层发生压碎破坏，需要在受压边配置与受拉钢筋同等数量的受压钢筋来抵抗弯矩。

（3）第Ⅲ类：爆炸冲击波荷载作用下，钢筋混凝土构件在变形过程中，受拉、受压边钢筋表面的混凝土保护层全部发生破坏，并且与钢筋剥落，需要配置同等数量的受拉、受压钢筋来抵抗弯矩，受拉、受压钢筋同时需要采取拉结筋以免受压钢筋发生压曲。

对于第Ⅰ类矩形截面梁，当仅配置受拉钢筋时，钢筋混凝土梁的抗弯能力为：

$$M_{u}=A_{s}f_{ds}(d-a/2) \tag{6.13}$$

其中，

$$a=\frac{A_{s}f_{ds}}{0.85bf'_{dc}} \tag{6.14}$$

其中，b 表示梁宽度；d 表示受拉钢筋中心线距离受压边缘高度；A_{s} 表示梁内受拉钢筋面积；f_{ds} 表示钢筋动态设计应力，按第 4 章确定；f'_{dc} 表示混凝土动态极限抗压强度，按第 4 章确定；a 表示受压区混凝土等效矩形高度。

钢筋配筋率为：

$$\rho=A_{s}/bd \tag{6.15}$$

为了防止受压区混凝土突然压碎，配筋率要满足 $\rho \leqslant 0.75\rho_{b}$，其中：

$$\rho_{b}=\frac{0.85K_{1}f'_{dc}}{f_{ds}}\frac{87000}{87000+f_{ds}} \tag{6.16}$$

其中，当 $f'_{dc} \leqslant 27.6\mathrm{MPa}$ 时，$K_{1}=0.85$；当 $f'_{dc} > 27.6\mathrm{MPa}$ 时，每增加 6.9MPa，K_{1} 降低 0.05。

对于第Ⅰ类情况的矩形截面，当配置有受拉和受压钢筋时，有：

$$M_{u}=(A_{s}-A'_{s})f_{ds}(d-a/2)+A'_{s}f_{ds}(d-d') \tag{6.17}$$

其中：

$$a=\frac{(A_{s}-A'_{s})f_{ds}}{0.85bf'_{dc}} \tag{6.18}$$

其中，A'_{s} 表示受压钢筋面积；其余符号意义同前。

受压钢筋配筋率为：

$$\rho'=A'_{s}/bd \tag{6.19}$$

式（6.18）的适用条件是受压区钢筋能达到极限强度 f_{ds}，所以必须满足下面关系：

$$\rho-\rho' \geqslant 0.85K_{1}\frac{f'_{dc}d'}{f_{ds}d}\frac{87000}{87000-f_{ds}} \tag{6.20}$$

假如 $\rho-\rho'$ 不满足式（6.20）的要求或者忽略受压钢筋的作用，可以采用式（6.13）进行计算，同时 $\rho-\rho'$ 必须满足 $\rho-\rho'\leqslant 0.75\rho_b$。

对于第Ⅱ类和第Ⅲ类矩形截面梁，当受压钢筋与受拉钢筋相同时，有：

$$M_u=A_s f_{ds} d_c \tag{6.21}$$

其中，d_c 表示受拉钢筋中心线与受压钢筋中心线之间的距离。

梁的最小配筋率要比板大，对于简支梁跨中受拉钢筋和固定梁跨中与支座处受拉钢筋，最小配筋率要满足下式要求：

$$\rho_{min}=200/f_y \tag{6.22}$$

不能只配置受拉钢筋，受压钢筋的面积不能小于受拉钢筋的一半。

钢筋混凝土梁截面上的剪应力计算公式为：

$$v_u=V_u/bd \tag{6.23}$$

其中危险截面的位置根据荷载在支座上的荷载性质确定。假如为压力，则根据压力线与支座边缘的距离确定，假如是拉力，则取支座边缘位置。

混凝土部分的受剪承载力是：

$$v_c=1.9(f'_{dc})^{1/2}+2500\rho \leqslant 3.5(f'_{dc})^{1/2} \tag{6.24}$$

其中，ρ 表示支座处截面受拉钢筋配筋率。

当 $v_u > v_c$ 时，需要配置箍筋，有：

$$A_v=[(v_u-v_c)bs_s]/(\varphi f_{ds}) \tag{6.25}$$

式中，A_v 表示梁截面内总的箍筋面积；s_s 表示沿构件垂直于截面方向的箍筋间距；φ 表示强度折减系数，取 $\varphi=0.85$。

为了保证梁的受剪承载力大于受弯承载力，除了要满足式（6.23）和式（6.25）外，还需要满足下面要求：

（1）式（6.25）中采用的 v_u-v_c 要大于或等于式（6.24）中的 v_c；

（2）式（6.23）中的 v_u 要满足 $v_u \leqslant 10(f'_{dc})^{1/2}$；

（3）箍筋要满足 $A_u \geqslant 0.0015bs_s$；

（4）当 $v_u-v_c \leqslant 4(f'_{dc})^{1/2}$ 时，箍筋最大间距满足 $s_s \leqslant d/2$，同时满足 $s_s \leqslant 61cm$；当 $v_u-v_c > 4(f'_{dc})^{1/2}$ 时，箍筋最大间距满足 $s_s \leqslant d/4$，同时满足 $s_s \leqslant 61cm$；

（5）在梁全长范围内，箍筋面积和间距一致。

钢筋混凝土梁的直剪破坏是由于在支座处出现的垂直裂缝快速发展导致的构件破坏。在下列情况下需要配置斜向受拉钢筋：（1）假若构件端部设计转角 $\theta > 2°$（简支梁除外）；（2）假若构件端部设计转角 $\theta \leqslant 2°$，但是构件端部抵抗直剪破坏能力不足；（3）假若构件处于受拉状态。

在钢筋混凝土梁中，不推荐采用斜向钢筋，所以一般设计梁的端部转角 $\theta \leqslant 2°$ 和通过增大构件截面面积的方式来满足抵抗直剪的要求。

假若构件端部设计转角 $\theta>2°$，或者构件截面处于纯拉应力状态，则混凝土截面抵抗直剪破坏的能力为 $V_d=0$，由斜向钢筋抵抗直剪应力。

假若构件端部设计转角 $\theta\leqslant2°$，或者构件端部处于简支约束条件，则混凝土截面所能抵抗的直剪能力是：

$$V_d=0.18f'_{dc}bd \tag{6.26}$$

需要的斜向钢筋为：

$$A_d=(V_sb-V_d)/f_{ds}\sin\alpha \tag{6.27}$$

其中，$V_d=0.18f'_{dc}bd$（$\theta\leqslant2°$，或者简支约束），$V_d=0$（$\theta>2°$，或者截面纯拉）；A_d 为支座处需要的斜向钢筋面积；V_s 为支座处的剪应力；α 为斜向钢筋的倾角。

6.2.2　钢筋混凝土板抗爆设计

常规钢筋混凝土板可用来抵抗远距离爆炸或比例距离为 $Z\geqslant1.0$ 的近距离爆炸。当比例距离 $Z<1.0$ 时，必须采用配有连续箍筋的结构形式；当 $1.0<Z<3.0$ 时，可以采用配有单支箍筋的形式；当 $Z>3.0$ 时，可以根据计算需要，确定是否采用抗剪箍筋。

不配置箍筋的钢筋混凝土板在远距离爆炸荷载作用下，构件在弯曲变形情况下，端部转角可以达到 $\theta<2°$。在这种情况下，可以不配置箍筋，但是必须有足够的抗剪强度以便构件可以达到其弯曲变形的能力。此时可以采用第Ⅰ类截面形式进行设计。

当配置单支箍筋时，箍筋可以对受压钢筋起到约束作用，此时构件端部转角能达到 $\theta=4°$，此时可以采用第Ⅰ类或第Ⅱ类截面形式进行设计，假若发生混凝土保护层破坏剥离现象，需要采用第Ⅲ类截面形式进行设计。

当支座处有足够的侧向约束时，常规钢筋混凝土板可以抵抗较大的变形，这样的设计可以用来抵抗近距离或远距离爆炸情况，此时采用第Ⅲ类截面形式进行设计。

在爆炸冲击荷载作用下，设计常规钢筋混凝土板的方法是试算法。

初步假定板在两个方向的配筋，一般有 $A_{SV}/A_{SH}\in(0.25,4)$。对于双向板，配筋情况首先满足屈服线沿 45°方向。一般情况下，配筋率满足 $\rho_T=\rho_V+\rho_H\in(0.6,0.8)$。

对于小变形情况（当不配置箍筋时，$\theta\leqslant2°$；当配置单支箍筋时，$\theta\leqslant4°$），假定屈服线沿 45°方向，可以计算出两个方向的极限弯矩比值，然后选择板厚和配筋。根据前面介绍的方法计算极限弯矩，然后计算出等效单自由度方法所需的等效极限抗力 R_u、等效弹性最大位移 X_E 和自振周期 T_N，最后根据等效单自由度体系的动力分析确定最大位移，验算受剪承载力是否满足要求。

对于大变形情况（当不配置箍筋时，$\theta>2°$；当配置单支箍筋时，$\theta>4°$），假如其端部存在足够的约束，可以考虑悬链线效应，构件可以发生较大的变形，其端部转角最大可以达

到 $\theta=12°$。

设计常规钢筋混凝土板用来抵抗爆炸冲击荷载时，要注意动力反弹作用。

在爆炸冲击荷载作用下，板的受剪承载力需要验算两种情况：（1）距离支座 d_c（或 d）处的斜剪承载力验算（需要的话，需要配置箍筋）。（2）支座截面处的直剪承载力验算（需要的话，需要配置斜拉钢筋）。

表 6.1 给出了单向板距离支座边缘距离为 d_e 处的最大剪力（反力）计算表，其中 d_e 可以根据实际情况采用 d_c 或 d，当构件内力达不到其最大值 R_u 时，可以采用实际值 R 代替 R_u。

单向板距离支座处 d_e 的最大剪力计算表（TM 5-1300，1969）　　　表 6.1

边界条件和荷载图示	最大剪应力 V_u
（简支梁，均布荷载，跨度 L）	$\dfrac{R_u\left(\dfrac{L}{2}-d_e\right)}{d_e}$
（简支梁，跨中集中荷载 P，$L/2$，$L/2$）	$\dfrac{R_u}{2d_e}$
（一端固定一端简支，均布荷载，跨度 L）	左端:$R_u\left(\dfrac{5L}{8}-d_e\right)/d_e$ 右端:$R_u\left(\dfrac{3L}{8}-d_e\right)/d_e$
（一端固定一端简支，跨中集中荷载 P，$L/2$，$L/2$）	左端:$\dfrac{11R_u}{16d_e}$ 右端:$\dfrac{5R_u}{16d_e}$
（两端固定，均布荷载，跨度 L）	$\dfrac{R_u\left(\dfrac{L}{2}-d_e\right)}{d_e}$
（两端固定，跨中集中荷载 P，$L/2$，$L/2$）	$\dfrac{R_u}{2d_e}$
（悬臂梁，均布荷载，跨度 L）	$\dfrac{R_u(L-d_e)}{d_e}$

边界条件和荷载图示	最大剪应力 V_u
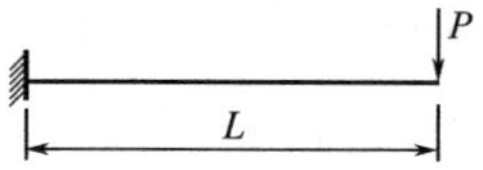	$\dfrac{R_u}{d_e}$
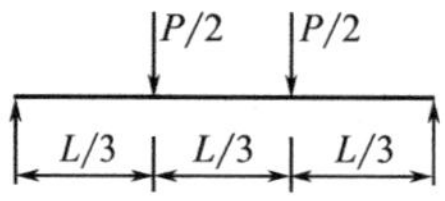	$\dfrac{R_u}{2d_e}$

图 6.11 给出了计算双向板距离支座 d_e 处的剪力（反力）示意图，其最大剪力如表 6.2 所示。

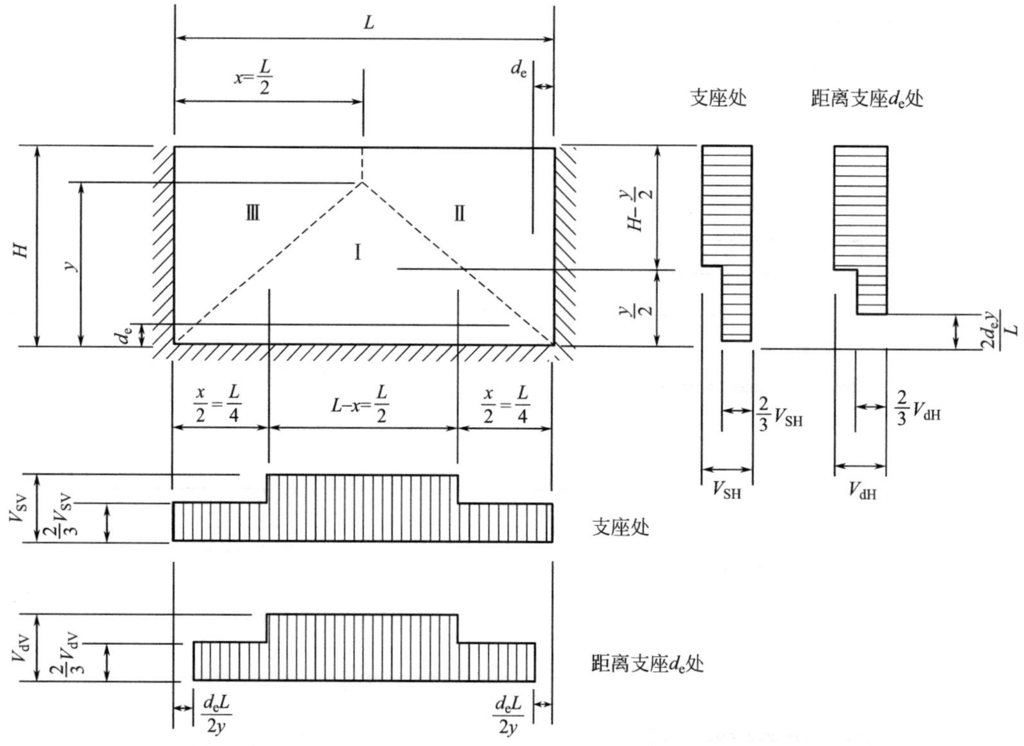

图 6.11　确定双向板支座剪力方法示意图（TM 5-1300，1969）

在近距离爆炸的情况下，爆炸冲击波荷载非常不均匀，局部高压应力会造成钢筋混凝土发生局部冲切破坏。连续箍筋可以把局部剪应力扩散到周围，避免局部破坏。在配有连续箍筋的情况下，可以忽略冲击波荷载的局部效应，认为爆炸冲击波荷载均匀作用在结构构件上。另外，在大变形情况下，需要配置连续箍筋，此时连续箍筋的作用不是扩散局部爆炸冲击波荷载，而是起到把受拉、受压钢筋联系到一起，在混凝土压碎的情况下，使得截面有足够的承载能力。

表 6.2

双向板距离支座处 d_e 的最大剪力计算表（TM 5-1300, 1969）

边界条件	屈服线位置	范围	最大水平剪应力	范围	最大水平剪应力
两邻边固定，另两边自由		$0\leqslant d_e/x\leqslant 1/2$	$\dfrac{3R_u(1-d_e/x)^2}{d_e/x(5-4d_e/x)}$	$0\leqslant d_e/H\leqslant 1/2$	$\dfrac{3R_u(1-d_e/H)(2-x/L-d_ex/LH)}{d_e/H(6-x/L-4d_ex/LH)}$
		$1/2<d_e/x\leqslant 1$	$\dfrac{R_u(1-d_e/x)^2}{2d_e/x}$	$1/2<d_e/H\leqslant 1$	$\dfrac{R_u(1-d_e/H)(2-x/L-d_ex/LH)}{2d_e/H(1-d_ex/LH)}$
		$0\leqslant d_e/L\leqslant 1/2$	$\dfrac{3R_u(1-d_e/L)(2-y/H-d_ey/LH)}{d_e/L(6-y/H-4d_ey/LH)}$	$0\leqslant d_e/y\leqslant 1/2$	$\dfrac{3R_u(1-d_e/y)^2}{l_e/y(5-4d_e/y)}$
		$1/2<d_e/x\leqslant 1$	$\dfrac{R_u(1-d_e/L)(2-y/H-d_ey/LH)}{2d_e/L(1-d_ey/LH)}$	$1/2<d_e/y\leqslant 1$	$\dfrac{R_u(1-d_e/y)}{2d_e/y}$
三边固定，一边自由		$0\leqslant d_e/x\leqslant 1/2$	$\dfrac{3R_u(1-d_e/x)^2}{d_e/x(5-4d_e/x)}$	$0\leqslant d_e/H\leqslant 1/2$	$\dfrac{3R_u(1-d_e/H)(1-x/L-d_ex/LH)}{d_e/H(3-x/L-2d_ex/LH)}$
		$1/2<d_e/x\leqslant 1$	$\dfrac{R_u(1-d_e/x)^2}{2d_e/x}$	$1/2<d_e/H\leqslant 1$	$\dfrac{R_u(1-d_e/H)(1-x/L-d_ex/LH)}{d_e/H(1-2d_ex/LH)}$
		$0\leqslant d_e/L\leqslant 1/4$	$\dfrac{3R_u(1-2d_e/L)(2-y/H-2d_ey/LH)}{d_e/L(6-y/H-8d_ey/LH)}$	$0\leqslant d_e/y\leqslant 1/2$	$\dfrac{3R_u(1-d_e/y)^2}{l_e/y(5-4d_e/y)}$
		$1/4<d_e/x\leqslant 1/2$	$\dfrac{R_u(1-2d_e/L)(2-y/H-2d_ey/LH)}{4d_e/L(1-2d_ey/LH)}$	$1/2<d_e/y\leqslant 1$	$\dfrac{R_u(1-d_e/y)}{2d_e/y}$
四边固定		$0\leqslant d_e/x\leqslant 1/2$	$\dfrac{3R_u(1/2-d_e/L)(1-y/H-2d_ey/LH)}{d_e/L(3-y/H-8d_ey/LH)}$	$0\leqslant d_e/H\leqslant 1/2$	$\dfrac{3R_u(1/2-d_e/H)(1-x/L-2d_ex/LH)}{d_e/H(3-x/L-8d_ex/LH)}$
		$1/4<d_e/x\leqslant 1/2$	$\dfrac{R_u(1/2-d_e/L)(1-y/H-2d_ey/LH)}{d_e/L(1-4d_ey/LH)}$	$1/2<d_e/y\leqslant 1$	$\dfrac{R_u(1-d_e/y)}{2d_e/y}$

6.2.3 钢筋混凝土柱抗爆设计

图 6.12 给出了钢筋混凝土柱在弯矩和轴力共同作用下的承载力关系曲线图。

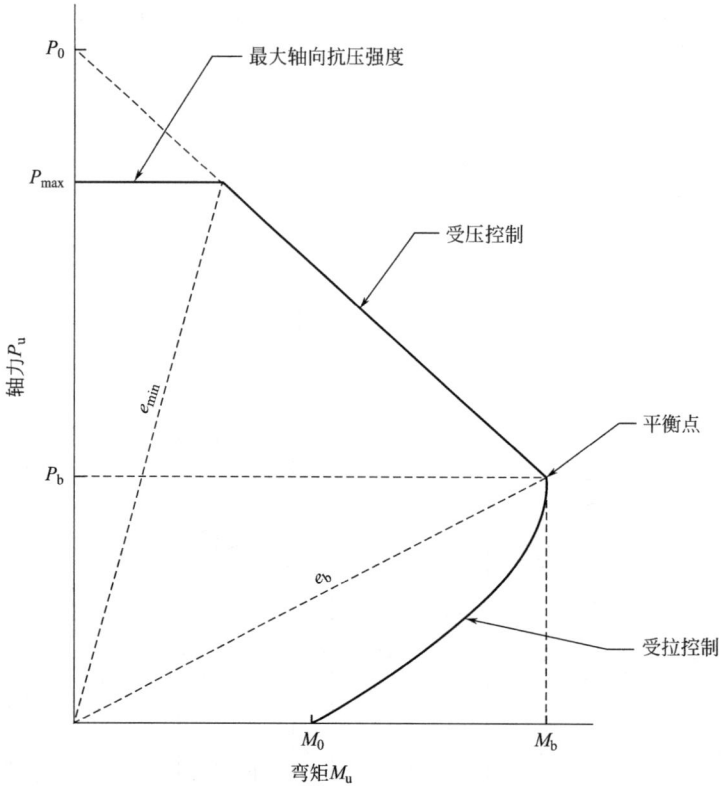

图 6.12　钢筋混凝土柱在弯矩和轴力共同作用下的承载力关系曲线图

(TM 5-1300，1969)

　　计算爆炸冲击荷载作用下钢筋混凝土柱承载力的方法与静力状态下相似，只是采用混凝土与钢筋的动态强度 f'_{dc} 和 f_{ds} 代替静态强度。

　　当柱子不直接承受爆炸冲击波荷载，而通过梁、板等传到柱子上时，爆炸冲击波荷载已经变成作用时间相对较长的近似静力荷载。在进行这种条件下柱子的抗爆设计时，可以把作用在柱子上的动力荷载乘以放大系数 1.2，然后当作静力荷载进行设计。

　　在进行钢筋混凝土柱子的抗爆设计时，假如作用在柱子上的爆炸荷载上升段时间（通常采用与柱子相连的梁达到屈服时的时间）与柱子的基本自振周期比值较小（通常在 0.1 左右），则柱子的轴向延性系数可以取 3.0；假如作用在柱子上的爆炸荷载上升段时间与柱子的基本自振周期比值较大（通常在 1.0 左右），则柱子的轴向延性系数取 1.0。

6.3　钢结构抗爆设计

6.3.1　钢梁抗爆设计

1. 钢梁截面的动态受弯承载力

在动力荷载作用下，钢梁截面的极限受弯承载力可以表示为：

$$M_{pu} = f_{ds} Z \tag{6.28}$$

式中，f_{ds} 表示钢材的动态设计应力；Z 表示钢梁的截面塑性模量。

$$Z = A_c m_1 + A_t m_2 \tag{6.29}$$

式中，A_c 表示钢梁截面受压区面积；A_t 表示钢梁截面受拉区面积；m_1 表示截面中性轴到受压截面中心线的距离；m_2 表示截面中性轴到受拉截面中心线的距离。

在动力荷载作用下，当不考虑局部屈曲时，钢梁截面的设计受弯承载力可以按下式采用：

$$M_p = f_{ds}(S + Z)/2 \quad (\mu \leqslant 3) \tag{6.30}$$

$$M_p = f_{ds} Z \quad (\mu > 3) \tag{6.31}$$

式中，f_{ds} 表示钢材的动态设计应力；Z 表示钢梁的截面塑性模量；S 表示钢梁的截面弹性模量；μ 表示延性系数。

2. 钢梁的受剪承载力

在爆炸冲击荷载作用下，钢梁的受剪承载力可以采用下面公式：

$$V_p = f_{dv} A_w \tag{6.32}$$

式中，V_p 是钢梁的受剪承载力；f_{dv} 是钢材的动态抗剪强度；A_w 是钢梁的腹板截面面积。

3. 钢梁的局部稳定

为了确保钢梁可以充分发挥其塑性变形能力，必须防止钢梁的局部屈曲。对于钢梁翼缘，需满足表6.3的要求。

钢梁翼缘宽厚比限值　　　　　　　　　　　　　　表 6.3

f_y(MPa)	$b_f/2t_f$
248	8.5
290	8.0
310	7.4
345	7.0
379	6.6
414	6.3
448	6.0

注：f_y 是钢材的静态屈服强度（MPa）；b_f 是截面翼缘的宽度；t_f 是截面翼缘的厚度。

在箱形截面中，受压截面（翼缘或盖板）的宽厚比不能超过 $190/(f_y)^{1/2}$。

截面腹板的高厚比应该满足下面条件：

$$\frac{d}{t_w} = \frac{1082}{\sqrt{f_y}}\left(1 - 1.4\frac{P}{P_y}\right)，当 \frac{P}{P_y} \leqslant 0.27 \tag{6.33}$$

$$\frac{d}{t_w} = \frac{675}{\sqrt{f_y}}，当 \frac{P}{P_y} > 0.27 \tag{6.34}$$

式中，P 是截面腹板承担的压力；P_y 是截面所能承担的塑性压力，等于截面面积与塑性强度的乘积；d 是梁高度；t_w 是腹板厚度。

4. 钢梁腹板的局部受压

在支撑或局部集中荷载的位置，需要增加加劲板来传递集中荷载，可以参照有关钢结构设计规程，此时材料强度采用静态屈服强度。

5. 钢梁的侧向支撑

侧向支撑可以防止钢梁的侧向屈曲，保证其能够发生足够的弯曲变形。钢梁的侧向约束可以参考一般的钢结构设计规程。

对于延性系数 $\mu \leqslant 3$ 的情况，对其侧向支撑要求较松，即需满足下式：

$$l_{cr}/r_T = \left[(703 \times 10^3 C_b)/f_{ds}\right]^{1/2} \tag{6.35}$$

式中，l_{cr} 是受压翼缘侧向支撑之间的最大间距；r_T 是截面回转半径，包括受压翼缘和 1/3 受压腹板（沿弱轴方向）；$C_b \geqslant 1$ 是弯矩不均匀系数，设计时可以偏于保守地取 $C_b = 1$；f_{ds} 表示钢材的动态设计应力（MPa）。

对于延性系数 $\mu > 3$ 的情况，其侧向支撑有如下要求：

$$\beta\frac{l_{cr}}{r_T} = \frac{9480}{f_{ds}} + 25，当 1.0 \geqslant \frac{M}{M_p} > -0.5 \tag{6.36}$$

$$\beta\frac{l_{cr}}{r_T} = \frac{9480}{f_{ds}}，当 -0.5 \geqslant \frac{M}{M_p} > -1.0 \tag{6.37}$$

式中，l_{cr} 是受压翼缘侧向支撑之间的最大允许间距；M 是梁端部弯矩较小值；M/M_p 是弯矩比值，当构件变形存在反弯点时，比值为正，当构件变形不存在反弯点时，比值为负；β 为系数，由图 6.13 确定。

对于不发生屈服的构件或者对于考虑回弹的构件，其侧向支撑要满足：

$$f = 1.67 \times \left[2/3 - \frac{f_{ds}(1/r_T)^2}{10500 \times 10^3 C_b}\right] f_{ds} \tag{6.38}$$

式中，f 表示受弯构件的最大弯曲应力，且满足 $f \leqslant f_{ds}$。

侧向支撑（图 6.14）必须具有一定的轴向强度和刚度，具体可参照钢结构设计规程。侧向支撑要牢固地与受压翼缘连接，当存在集中荷载时，要采用加劲板。

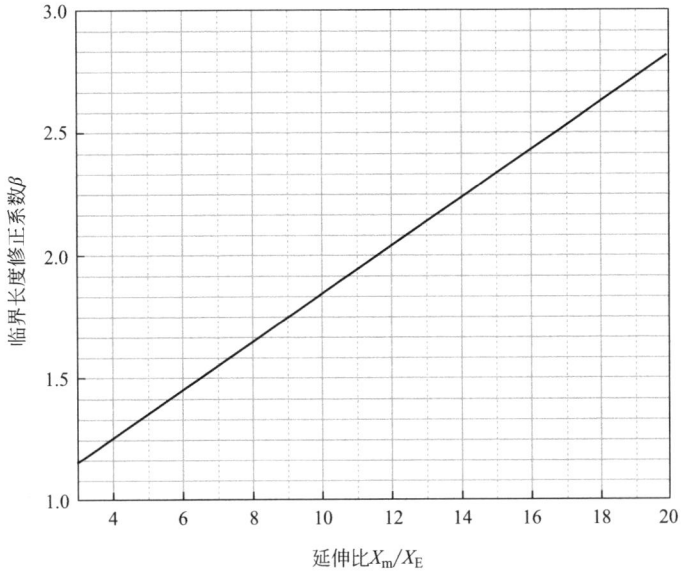

图 6.13　β 关系曲线

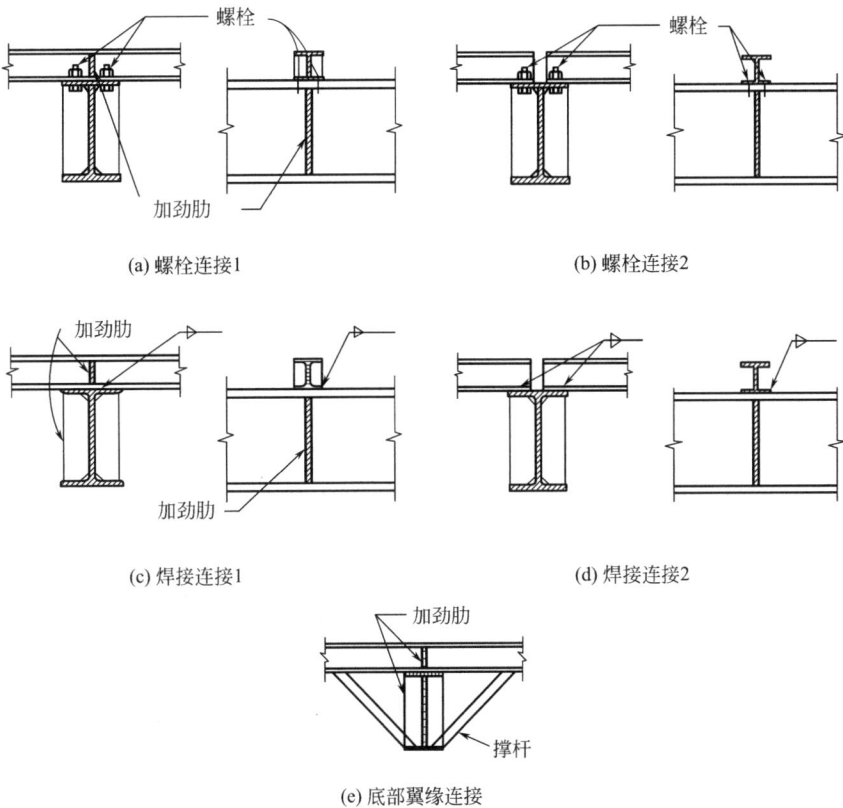

(a) 螺栓连接1　　　　　　　　　　　　　　　　(b) 螺栓连接2

(c) 焊接连接1　　　　　　　　　　　　　　　　(d) 焊接连接2

(e) 底部翼缘连接

图 6.14　钢梁的侧向支撑连接图

6.3.2　钢柱抗爆设计

1. 轴向受压承载力

柱子的受压承载力可按下式计算：

$$P_u = 1.7AF_a \tag{6.39}$$

$$F_a = \frac{[1-(KL/r)^2/(2C_c^2)]f_{ds}}{5/3+3(KL/r)/(8C_c)-(KL/r)^3/(8C_c^3)} \tag{6.40}$$

$$C_c = (2\pi^2 E/f_{ds})^{1/2} \tag{6.41}$$

式中，A 表示构件截面面积；KL/r 表示柱子最大有效长细比；K 为柱子的有效计算长度系数；E 表示钢材弹性模量。

2. 压弯承载力

当结构受到侧向爆炸冲击荷载作用时，柱子将同时受到弯矩和轴力作用，这时柱子应该当作压弯构件来对待，其承载力可按照现行国家标准《钢结构设计标准》GB 50017 规定计算，但钢材强度应采用考虑动力效应的屈服强度，柱的截面抵抗矩应采用截面塑性模量。

6.4　玻璃窗及幕墙系统抗爆设计

6.4.1　爆炸作用下玻璃碎片对人员的伤害

在爆炸冲击荷载作用下，玻璃等脆性低强度材料极易发生破坏。在恐怖爆炸事件中，高速飞溅的玻璃碎片造成了严重的二次伤害。例如在美国 1995 年 4 月 19 日发生的 Oklahoma City 汽车炸弹恐怖袭击中，共有 168 人死亡，500 多人受伤，其中接近 40% 的伤者是由于高速玻璃碎片造成的。2003 年 8 月 5 日雅加达 Marriott 宾馆汽车炸弹袭击中，共死亡 14 人，伤 150 人，大部分是由于玻璃碎片造成的（图 6.15）。

6.4.2　玻璃的种类

玻璃主要分为平板玻璃（Annealed Glass，ANG）、钢化玻璃（Fully Tempered Glass，FTG）、半钢化玻璃（Heat Strengthened Glass，HSG）、夹层玻璃（Laminated Glass，LG）、中空玻璃（Insulating Glass，IG）、夹丝玻璃（Wired Glass，WG）、防火玻璃、防弹玻璃、防爆玻璃、有机玻璃（PMMA）和树脂（Polycarbonate，PC）。

平板玻璃是指普通玻璃，现在常用的是浮法平板玻璃。普通平板玻璃强度较低，破碎后形成尺寸较大、边角尖锐的碎片，容易对人造成伤害。钢化玻璃又称强化玻璃，它是利用加

图 6.15　雅加达 Marriott 宾馆汽车炸弹袭击中玻璃碎片飞溅

热到一定温度后迅速冷却的方法，或是化学方法进行特殊处理的玻璃。钢化玻璃相对于普通平板玻璃强度显著提高，且主要以无锐角的颗粒形式碎裂，对人体伤害大大降低。钢化玻璃的缺点是易自爆。半钢化玻璃又称热增强玻璃，半钢化玻璃是介于普通平板玻璃和钢化玻璃之间的一个品种。

夹层玻璃是安全玻璃的一种，多用于有安全要求的装修项目。它是在两片或多片平板玻璃之间，嵌夹透明的高聚物中间膜，再经热压粘合而成的平面或弯曲的复合玻璃制品。其主要特性是安全性好，破碎时，玻璃碎片不零落飞散，只能产生辐射状裂纹，不至于伤人。夹层玻璃的抗冲击强度优于普通平板玻璃，防范性好，并有耐光、耐热、耐湿、耐寒、隔声等特殊功能，多用于与室外接壤的门窗。常用的夹层材料主要有 PVB（Polyvinyl Butyral，聚乙烯醇缩丁醛）中间膜和离子型中间膜。PVB 作为传统夹层材料，具备良好的透明性、抗冲击性和较强的吸声性能，能够有效防止玻璃破裂时飞散，广泛应用于建筑、汽车及航空领域。然而，PVB 的耐候性较差，容易受到紫外线和湿气影响，长期使用可能出现老化和变色。相比之下，离子型中间膜具有更高的耐候性、抗紫外线和抗老化能力，能够保持长期的高透明度和稳定性，因此在要求高性能的建筑项目（如高层玻璃幕墙、特殊结构玻璃）中被广泛应用。尽管 SG（离子性中间膜）夹层玻璃的成本较高，且加工工艺复杂，但在抗冲击性、结构稳定性及安全性方面具有明显优势，适用于高要求的安全防护和特殊环境中。

夹丝玻璃与夹层玻璃类似，它是将普通平板玻璃加热到红热软化状态时，再将预热处理过的铁丝或铁丝网压入玻璃中间而制成。它的特性是防火性优越，可遮挡火焰，高温燃烧时不炸裂，破碎时不会造成碎片伤人。另外还有防盗性能，玻璃割破还有铁丝网阻挡。主要用于屋顶天窗、阳台窗。

中空玻璃是由两层或两层以上普通平板玻璃（或夹层玻璃）所构成，四周用高强度、高气密性复合胶粘剂，将两片或多片玻璃与密封条、玻璃条粘接密封，中间充入干燥气体，框内充以干燥剂，以保证玻璃片间空气的干燥度。因留有一定的空腔，而具有良好的保温、隔热、隔声等性能，主要用于采暖、空调、消声设施的外层玻璃装饰。

防火玻璃又称铯钾防火玻璃，是采用物理与化学的方法，对浮法玻璃进行处理而得到的。它在1000℃火焰冲击下能保持84～183min不炸裂，从而有效地阻止火焰与烟雾的蔓延。防火玻璃是一种具有防火功能的建筑外墙用幕墙或门窗玻璃，防火玻璃和其他玻璃相比，在同样的厚度下，它的强度是普通浮法玻璃的6～12倍，是钢化玻璃的1.5～3倍。

有机玻璃又称作亚克力（Acrylic），这种高分子透明材料的化学名称叫聚甲基丙烯酸甲酯。有机玻璃的特性包括：（1）高度透明性，有机玻璃是目前最优良的高分子透明材料，透光率达到92%，比玻璃的透光度高；（2）机械强度高，有机玻璃的强度比较高，抗拉伸和抗冲击的能力比普通玻璃高7～18倍；（3）重量轻，有机玻璃的密度为1.18～1.2g/cm³，同样大小的材料，其重量只有普通玻璃的一半；（4）易于加工。但有机玻璃的缺点是可以燃烧。

玻璃幕墙设计和施工中的一个关键问题是合理选用玻璃。玻璃是非常脆性的材料，所以不可能有绝对安全的玻璃，在建筑中采用玻璃就必然有一定的风险，安全玻璃只是一个人为的名称，一般是指对人身伤害风险相对较小的玻璃（通常指钢化玻璃和夹层玻璃）。由于没有绝对安全的玻璃，玻璃的安全只能是相对的，因此应根据幕墙不同部位的功能要求，合理选用玻璃，争取最大限度的使用安全，使人身和财产损失的风险降到最小。

6.4.3 玻璃窗和幕墙的抗爆设计方法

1. 计算模型

玻璃窗和幕墙的抗爆设计通常假定在爆炸冲击荷载作用下，玻璃不发生破坏，所以玻璃本身、玻璃框、墙体必须有足够的强度去承受玻璃传到其上的内力。图6.16是常用的玻璃窗和幕墙简化抗爆分析模型，采用简化单自由度分析模型进行玻璃幕墙的抗爆分析。

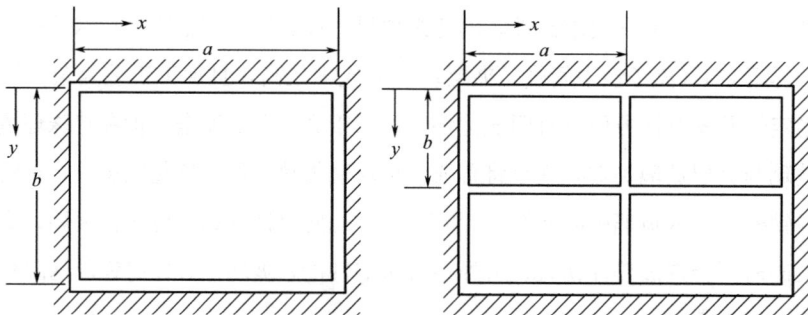

(a) 窗格图形

图6.16 玻璃窗和幕墙简化抗爆分析模型（UFC-3-340-02，2008）（一）

(b) 爆炸荷载　　　　　　　　　(d) 动力响应模型

(c) 玻璃格阻力

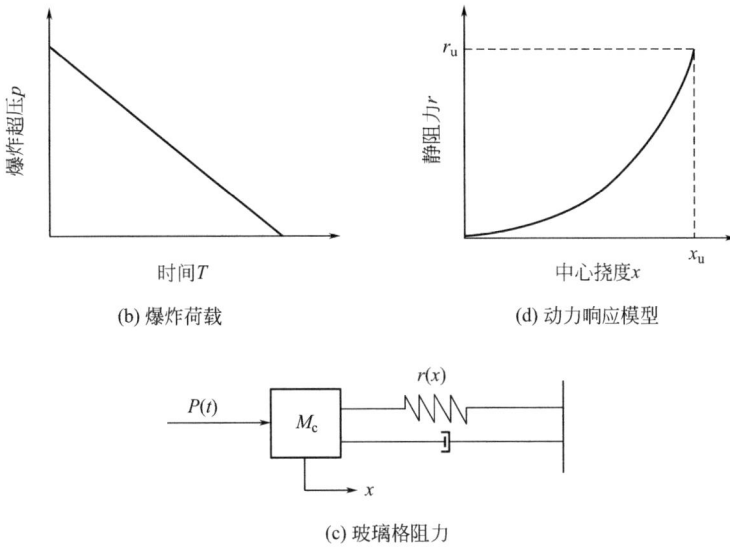

图 6.16　玻璃窗和幕墙简化抗爆分析模型（UFC-3-340-02，2008）（二）

2. 玻璃破坏标准

20 世纪 80 年代，美国 Naval Civil Engineering Laboratory 做了大量关于玻璃在爆炸冲击荷载作用下的破坏试验、数值模拟与理论分析，得出了常用玻璃破坏时允许的最大主拉应力（失效概率 $P_{fail} \leqslant 0.001$）、弹性模量、泊松比等基本材料特性，如表 6.4 所示。

常用玻璃破坏时的允许应力及基本材性参数　　　　　　表 6.4

玻璃类型	允许最大主应力（MPa）	弹性模量（MPa）	泊松比	单位质量（g/cm³）
普通玻璃	27.6	6.9×10^4	0.22	2.491
半钢化玻璃（加热处理方法）	52.4	6.9×10^4	0.22	2.491
半钢化玻璃（化学处理方法）	55.2	6.9×10^4	0.22	2.491
钢化玻璃	110.3	6.9×10^4	0.22	2.491
聚碳酸酯（Polycarbonate）	65.5	2.4×10^3	0.38	1.107

3. 玻璃框的设计方法

与玻璃同样重要的是窗框的防护，在抗爆设计中，采用的原则是"强窗框弱玻璃的原则"，即玻璃要比窗框首先破坏。另外支撑窗框的墙体也要有足够的强度，墙体不能先于窗框破坏。

114

玻璃的抗爆设计方法常采用非线性大变形理论，但是在计算玻璃传到窗框上的爆炸冲击波荷载时，假定玻璃不发生非线性变形，经常采用玻璃的弹性变形理论计算玻璃传到窗框上的爆炸冲击波荷载，这样的设计对窗框来说偏于安全和保守，并且也相对简单方便。图 6.17 给出了玻璃传到窗框上的爆炸冲击波荷载示意图，长度单位为"in"，压强单位为"psi"。

玻璃传到窗框长边 a 的爆炸冲击波荷载为：

$$v_x = C_x r_u b \sin(\pi x/a) \tag{6.42}$$

玻璃传到窗框短边 b 的爆炸冲击波荷载为：

$$v_y = C_y r_u b \sin(\pi y/b) \tag{6.43}$$

窗框长边 a 的设计爆炸冲击波荷载为：

$$V_x = C_x r_u b \sin(\pi x/a) + r_u W \tag{6.44}$$

窗框短边 b 的设计爆炸冲击波荷载为：

$$V_y = C_y r_u b \sin(\pi y/b) + r_u W \tag{6.45}$$

式中，W 表示窗框自身的宽度；r_u 表示玻璃所能承受的静态荷载，可根据 UFC 规范及图表确定。

另外，在窗框四角将会产生集中荷载 R：

$$R = -C_R r_u b^2 \tag{6.46}$$

C_x、C_y、C_R 的取值见表 6.5。

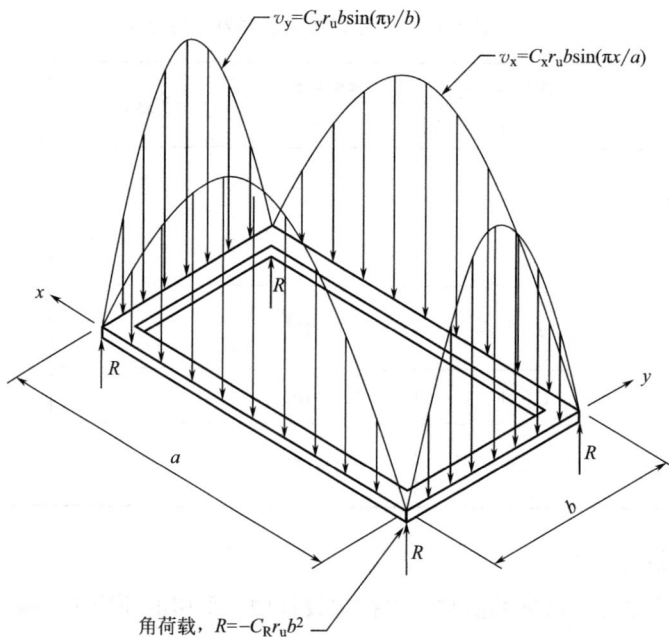

图 6.17　玻璃传到窗框上的爆炸冲击波荷载示意图（UFC-3-340-02，2008）

C_x、C_y、C_R 参数表　　　　　　　　　表6.5

a/b	C_R	C_x	C_y
1.00	0.065	0.495	0.495
1.10	0.070	0.516	0.516
1.20	0.074	0.535	0.533
1.30	0.079	0.554	0.551
1.40	0.083	0.570	0.562
1.50	0.085	0.581	0.574
1.60	0.086	0.590	0.583
1.70	0.088	0.600	0.591
1.80	0.090	0.609	0.600
1.90	0.091	0.616	0.607
2.00	0.092	0.623	0.614
3.00	0.093	0.644	0.655
4.00	0.094	0.687	0.685

窗框的抗爆设计，应满足下列设计要求：

（1）变形：不超过窗框长度的 1/264 和 0.3175cm 中的最小值（对于聚碳酸酯材料制成的玻璃，不超过窗框长度的 1/100）；

（2）应力：窗框中的最大应力不超过 $\sigma_s/1.65$，σ_s 是窗框材料的屈服强度；

（3）连接件：连接件中的应力不超过 $\sigma_s/2$，σ_s 是连接件材料的屈服强度。

6.4.4　玻璃抗爆措施

1. 防爆玻璃的应用

对于爆炸冲击波荷载较大的情况，需要采用防爆玻璃进行设计（图6.18）。防爆玻璃的抗爆性能主要表现在两个方面：①可以承受较大的炸弹爆炸冲击荷载；②受炸弹爆炸冲击后，玻璃保持在框架内。防炸弹玻璃组合经常为高强度单片钩钾防火玻璃＋高分子聚合物材料＋高强度单片铯钾防火玻璃。根据抗爆能力的不同采用不同厚度的玻璃和高分子聚合物材料的组合。

图6.18　没有防护措施的普通玻璃的爆炸试验

为了满足玻璃抵抗较大爆炸冲击波荷载的能力，开发出了许多新的玻璃抗爆防护膜ASF（Anti-Shatter Film），这样的防护膜可以贴在玻璃内侧，极大地提高玻璃的抗爆能力（图6.19）。以3M专利多层膜技术ULTRA600为例，该种防护膜具有比普通单层聚酯膜更佳的强度和抗撕裂性能，增加人身和财产安全，减少飓风、爆炸和地震带来的伤害；能阻隔99％紫外线，减缓褪色，延长家具和织物的使用寿命，增加入室难度，有效防止盗窃，达到安全玻璃标准，并已通过加速老化测试。产品性能包括（以厚度6mil为例）：抗撕裂强度大于1150lbs％，安全玻璃测试400ft/lbs，拉伸强度30000Psi（206MPa），杨氏弹性模量500000Psi（3447.5MPa），穿刺强度19.2lbs，延伸率140％，断裂强度180lbs。该防护膜可以通过GSA3级防爆测试。

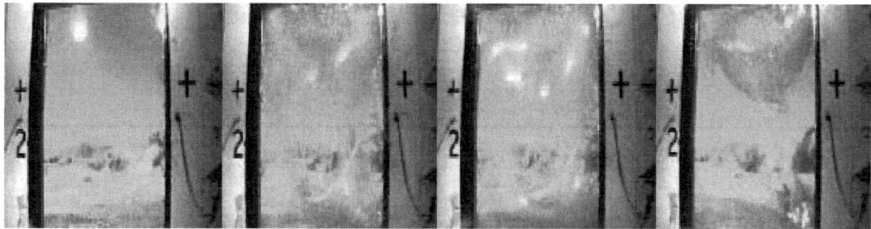

图6.19 贴有防护膜的普通玻璃的爆炸试验

由于高性能玻璃抗爆防护膜ASF与玻璃一起可以阻挡非常大的爆炸冲击波荷载，所以在玻璃抗爆防护设计中得到非常广泛的应用，但是以下几点需要注意：①抗爆防护膜必须能把爆炸冲击波荷载安全地传递到玻璃框上，否则整块玻璃会在防护膜的边缘出现断裂破坏；②玻璃框、墙体和结构构件必须有足够的强度去抵抗爆炸冲击波荷载，否则会引起结构的破坏，造成更大的伤害。

为减少碎片的飞溅，夹层玻璃被广泛地应用于幕墙结构（图6.20）。爆炸时，玻璃即使发生破碎，但也能粘附在夹层上，极大地减少飞溅的玻璃碎片，从而减少人员伤亡和经济损失。目前，常用的中间膜是聚乙烯醇缩丁醛，英文名称是Polyvinyl Butyral，简称PVB。PVB在幕墙结构中的使用已经有多年历史。但是，这种夹层膜最初是为汽车玻璃而开发的，富于弹性，比较柔软，剪切模量小，受力后两块玻璃间会有显著的相对滑移，承载力较小，

图6.20 夹层玻璃（防爆玻璃）的爆炸试验

弯曲变形较大。PVB夹层玻璃可以用于一般玻璃幕墙，不适用于有高性能要求的玻璃幕墙。近年来，一种能满足建筑幕墙夹层玻璃高性能要求的离子性中间膜已经由美国杜邦公司开发出来，并批量生产。与PVB膜相比，离子性中间膜具有更高的强度和刚度，因此已开始在大型公共建筑和超高层建筑玻璃幕墙中使用。如目前国内最高建筑——上海中心和最高电视塔——广州塔均采用离子性中间膜SG双夹层中空玻璃。

2. 玻璃窗和幕墙的抗爆加固

假定在爆炸冲击波荷载作用下，玻璃不发生破坏，所以玻璃本身、玻璃框、墙体必须有足够的强度去承受玻璃传到上面的爆炸冲击波荷载。但是当爆炸冲击波荷载非常大时，这样的设计理念是行不通的：第一，没有合适的玻璃去抵抗大的爆炸冲击波荷载；第二，作用在玻璃框、墙体上的荷载非常大，会造成整个结构的破坏。所以此时比较合适的方法是允许玻璃在爆炸冲击波荷载下遭到破坏，但是通过采用碎片阻挡和耗能系统，使得破坏的玻璃不能飞到室内，以满足玻璃的抗爆安全防护标准要求。

当爆炸冲击波荷载较小时，可以通过选用防爆玻璃、粘贴防爆膜等方法对玻璃幕墙进行抗爆设计与加固。但是当爆炸冲击波荷载非常大时，可以采用粘贴防爆膜与碎片阻挡系统叠加的方法来进行玻璃幕墙的抗爆设计与加固。其中防爆膜把破碎的玻璃粘在一起，碎片阻挡系统可以把破坏后被防爆膜粘在一起的玻璃块阻挡在室外。碎片阻挡系统是防止玻璃碎片的最后屏障，这些装置直接连接到结构构件上，与建筑外观相协调，提供最后的碎片安全防护。

安全防护帘不能阻止玻璃的破坏，但是可以阻挡玻璃碎片的飞散，起到保护作用（图6.21、图6.22），但是安全防护帘只在爆炸冲击波荷载较小时才能起到保护作用。

图6.21 安全防护帘试验（Liu，2010）

图 6.22　安全防护帘试验（安全防护帘可以很好地阻挡爆炸后破坏的玻璃碎片的飞射）

缆索保护系统是另外一种有效的玻璃碎片防护措施。对于贴有防护薄膜的玻璃和压层玻璃，有时在爆炸冲击波荷载作用下，虽然不会产生玻璃碎片，但是整块玻璃会在与窗框连接处破坏，此时缆索可以有效阻挡整块玻璃向室内高速飞射，起到保护室内人员的作用（图 6.23～图 6.25）。

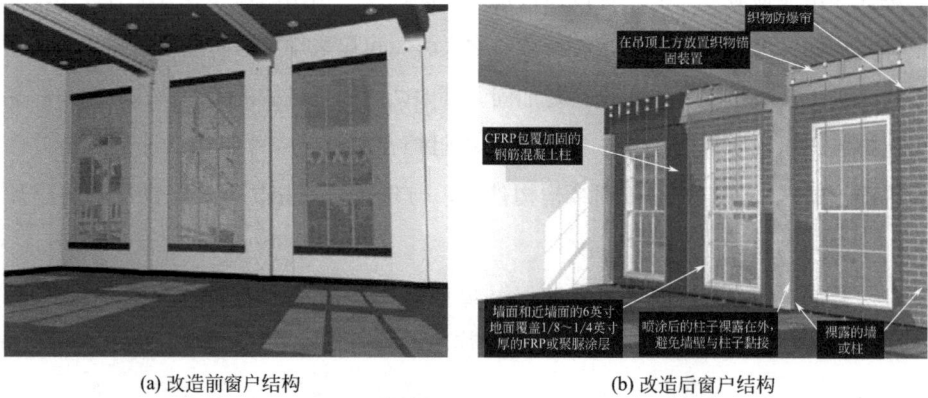

(a) 改造前窗户结构　　　　　　　　　　　　　(b) 改造后窗户结构

图 6.23　缆索保护系统示意图（Crawford，2005）

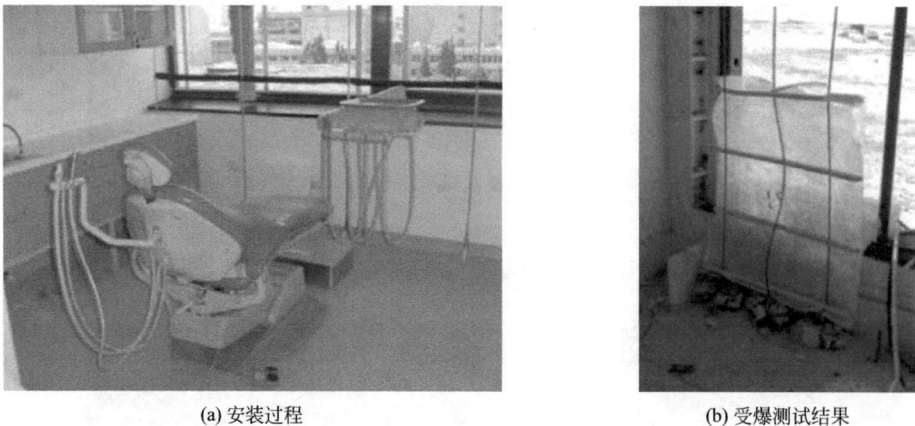

(a) 安装过程　　　　　　　　　　　　　　　　(b) 受爆测试结果

图 6.24　缆索保护系统（Crawford，2005）

(a) 测试前　　　　　　　　　　　　　　(b) 测试后

图 6.25　缆索保护系统测试（Crawford，2005）

思考题

1. 简述结构抗爆设计要求、原则及主要步骤。
2. 试对比不同结构构件及非结构部件在不同破坏程度下的性能目标，并思考它们之间的对应关系。
3. 简述钢筋混凝土构件破坏模式。
4. 简述钢筋混凝土梁、板、柱在进行抗爆设计时的相同点和不同点。
5. 简述钢梁、钢柱进行抗爆设计与普通设计之间的不同。
6. 简述玻璃系统防护标准中安全等级是如何划分的。
7. 简述在抗爆设计中应采用何种类型的玻璃，并阐述原因。
8. 简述玻璃幕墙系统的抗爆加固措施。

第7章
防连续性倒塌设计

7.1 概述

连续性倒塌是指因冲击或爆炸等偶然作用产生结构的局部破坏并进一步引发结构构件的连续性破坏，最终造成与初始局部破坏不呈比例的结构大范围破坏甚至整体倒塌的现象。结构连续性倒塌的特点是破坏的"连续性"与"不呈比例性"，即随后的破坏紧随最初的破坏，且最终破坏的范围远大于初始破坏。

典型的连续性倒塌事件有：

1968年5月16日清晨，英国伦敦22层、64m高的Roman Point公寓由于在18层某角部房间燃气泄漏而发生爆炸，造成该房间的外墙破坏，随后19～22层对应部位发生坍塌，坍塌的废墟冲击导致其下各层对应结构角部单元的进一步破坏（图7.1），事故造成4人死亡、17人受伤。事故调查发现，该公寓采用预制钢筋混凝土楼板和预制混凝土墙板拼装而成的装配式板式结构，初始破坏仅局限在18层角部单元，但最终导致约20%的结构倒塌。

图 7.1 1968年 Roman Point 公寓连续性倒塌事件

自此，结构连续性倒塌引起工程界和学术界的关注。

1995 年 4 月 19 日，美国俄亥俄州 Murrah 联邦大厦发生恐怖炸弹袭击事件。一辆装载炸弹的卡车在距离大厦 4.75m 的地方被引爆。Murrah 联邦大厦是传统的钢筋混凝土框架结构，根据美国混凝土规范 ACI 318-71 设计。大楼两主轴方向东西长 67.1m，南北长 304m，12.2m 的转换大梁支撑 3 根 3～9 层的柱子。汽车炸弹炸毁了结构的底层柱并击穿了楼板与转换大梁，由于失去了转换大梁与楼板的支撑，相邻的底层柱因为失稳发生破坏从而导致其上部分相继发生破坏，最终造成近 1/3 的结构倒塌，如图 7.2 所示，造成 168 人死亡和超过 800 人受伤。

(a) 倒塌前　　　　　　　　　　　　　　(b) 倒塌后

图 7.2　1995 年美国 Murrah 联邦大厦连续性倒塌事件

2001 年 9 月 11 日，美国纽约世界贸易中心大厦遭到恐怖分子劫持的飞机撞击，如图 7.3（a）所示。世界贸易中心主楼为钢结构双塔，双塔均高 110 层，1 号塔楼（北楼）高 417m，2 号塔楼（南楼）高 415m，为当时纽约最高建筑。两架飞机先后撞击了世界贸易中心的北楼和南楼，导致世界贸易中心的局部框筒和楼层发生破坏，同时，飞机燃油大量泼洒在结构上引发了大火，火灾造成结构局部的进一步破坏，最终导致整体结构的连续性倒塌，造成近 3000 人死亡。

由于偶然作用的不确定性，传统的结构设计方法未考虑结构抵抗连续性倒塌性能。为此，欧洲、美国、日本等发布针对结构防连续性倒塌的设计规范。我国也已在相关规范中给出结构防连续性倒塌的设计规定。历史上有 3 次结构抗连续性倒塌规范制订和修订的热潮。

第 1 次发生在 1968 年英国 Roman Point 公寓燃气爆炸事件（图 7.1）之后，主要是在常规结构设计规范中引入抗连续倒塌设计内容，1976 年英国的建筑规程 Building Regulations 规定："结构在意外荷载下不应发生与初始破坏不相称的大范围坍塌"，提出了联系力法、拆除构件法和局部抵抗法三种设计方法。

(a) 飞机撞击　　　　　　　　(b) 南楼倒塌　　　　　　　　(c) 北楼倒塌

图 7.3　2001 年美国世界贸易中心连续性倒塌事件

第 2 次发生在 1995 年美国 Murrah 联邦大厦汽车炸弹袭击事件（图 7.2）之后，欧洲规范主要借鉴英国规范，对建筑物的安全等级进行了分类，并根据不同安全等级提出了不同的设计要求。

第 3 次是 2001 年"9.11"事件（图 7.3）之后，美国结构设计规范进一步强化了抗连续性倒塌设计的内容，美国国防部（DoD）和总务管理局（GSA）分别发表了专门用于防止结构发生连续性倒塌的设计规程。

加拿大国家规范早在 1975 年就要求结构应具备吸收局部破坏释放出能量的能力从而防止连续性倒塌，制定了非常规荷载作用、节点延性以及结构冗余度等条款，指出楼板应与墙体有可靠连接，并保证梁可以通过悬链线效应来跨越发生破坏的区域等。

日本钢结构协会也于 2005 年出版了《高冗余度钢结构倒塌控制设计指南》，指出建筑抗连续性倒塌设计目的是在出现局部破坏后保护人们的生命安全，并基于此要求提出应该保证结构的安全撤离通道在危险工况下的可靠性从而减少人员伤亡。

我国多本现行结构设计规范、标准规定了抗连续性倒塌设计。《混凝土结构设计标准（2024 年版）》GB/T 50010—2010 规定了结构防连续性倒塌设计原则和具体设计方法，《民用建筑防爆设计标准》T/CECS 736—2020 从概念设计、构造措施、分析方法等方面进行了建筑结构防连续性倒塌设计的详细规定。

7.2　结构防连续性倒塌设计要求

7.2.1　结构防连续性倒塌设计思想

结构是由若干结构构件连接形成能长期安全可靠地承受其上各种荷载和作用的系统。

荷载作用包括结构自重等永久荷载，人群和物品等可变荷载，风、地震、腐蚀等自然环境作用以及爆炸、冲击、火灾和超设防烈度的特大地震等偶然荷载或作用。根据时间变异性，荷载可分为永久荷载、可变荷载、偶然荷载。永久荷载和可变荷载的量值、作用位置和作用特性可估计并具有一定保证率。而偶然荷载的量值、作用位置和作用特性都难以有效估计，给结构设计带来困难。不同于地震作用下的结构整体倒塌，结构连续性倒塌一般指爆炸或火灾等偶然荷载引起的结构局部破坏而造成更大范围的结构破坏甚至整体倒塌。

结构防连续性倒塌设计的总体思想是：容许结构在偶然荷载作用下发生局部严重破坏和失效，但剩余结构应能有效承受因局部破坏而发生的内力重分布，不至于造成破坏范围的迅速扩散而形成不呈比例的结构破坏甚至整体坍塌。

总体来说，结构防连续性倒塌的设计思想可以分为三类：

第一类：可能直接遭受意外荷载作用的结构构件应具有一定承载力。如易遭受车辆撞击和人为破坏的结构外围柱、危险源周边的结构构件、备用荷载传递路径上的构件等，应作为整体结构中的关键构件，要求具有足够的安全储备。这种方法称为局部抵抗法。局部抵抗法的问题在于，意外作用荷载的大小和发生概率难确定。即使设计时考虑了可能发生的偶然作用，也不能保证在其他突发情况下不破坏。

第二类：要求结构具有足够的备用荷载传递路径。即假设结构即使发生局部破坏，剩余结构可有效传递因局部构件失效而造成的内力重分布，不发生大范围坍塌。这种方法不针对具体偶然作用。备用荷载传递路径可通过以下措施实现：（1）规定构件连接和联系力的最低要求，保证整体结构的连续性；（2）规定可接受的局部破坏范围，并使剩余结构能形成跨越局部破坏范围的传力骨架。为此，需确定备用荷载传递路径上的荷载和荷载组合以及结构极限状态。

第三类：进行结构分区，将局部破坏限制在分区范围内。这种措施适用于限制平面面积大、层数少的结构，比如多跨桥梁、厂房和机场候机楼等，限制其发生水平向连续倒塌。而对于一般多层或者高层建筑，发生连续倒塌时，水平向连续倒塌和竖向连续倒塌并存且以竖向连续倒塌为主，一旦初始破坏发生，结构分区并不能有效控制连续倒塌的范围。故分区隔离方法在建筑结构中较少采用。

国内外规范中结构抗连续性倒塌设计的方法有：概念设计法（Conceptual Design Method）、联系力法（Tie Force Method）、拆除构件法（也称备用荷载传递路径法，Alternate Path Method）、局部抵抗法（Specific Local Resistance Method）和直接动力法（Nonlinear Dynamic Analysis）。概念设计法通过合理的结构布置和构造措施，提高结构的整体性、连续性、冗余度和延性。联系力法要求结构构件或连接具有一定抗拉能力，从而将结构进行"捆绑"，以提高结构的整体性。拆除构件法（备用荷载传递路径法）通过去除关键竖向承重构件（柱或墙）模拟局部破坏，检验剩余结构"跨越"该局部破坏的能力，以保证结构的冗余度。局部抵抗法对破坏后容易引发连续性倒塌的主要承重构件进行局部加强设计。直接动力法指通过非线性动力分析，考虑真实的荷载作用方式，模拟构件的动态损伤过程以及结构的连续倒塌过程。

图 7.4 给出了结构防连续性倒塌设计的基本流程。首先，综合考虑建筑类型、建筑用途、结构平面和立面布置、人员占用率等因素，判断结构是否需要进行防连续性倒塌设计。若需要，则首先进行初步概念设计；进一步验证结构构件和节点的水平与竖向联系力。若水平联系力不满足要求，重新设计；若竖向联系力不足，拆除构件，评估剩余结构的内力重分布能力，若不满足内力重分布要求，则需要局部加强该去除构件或调整整体结构设计。

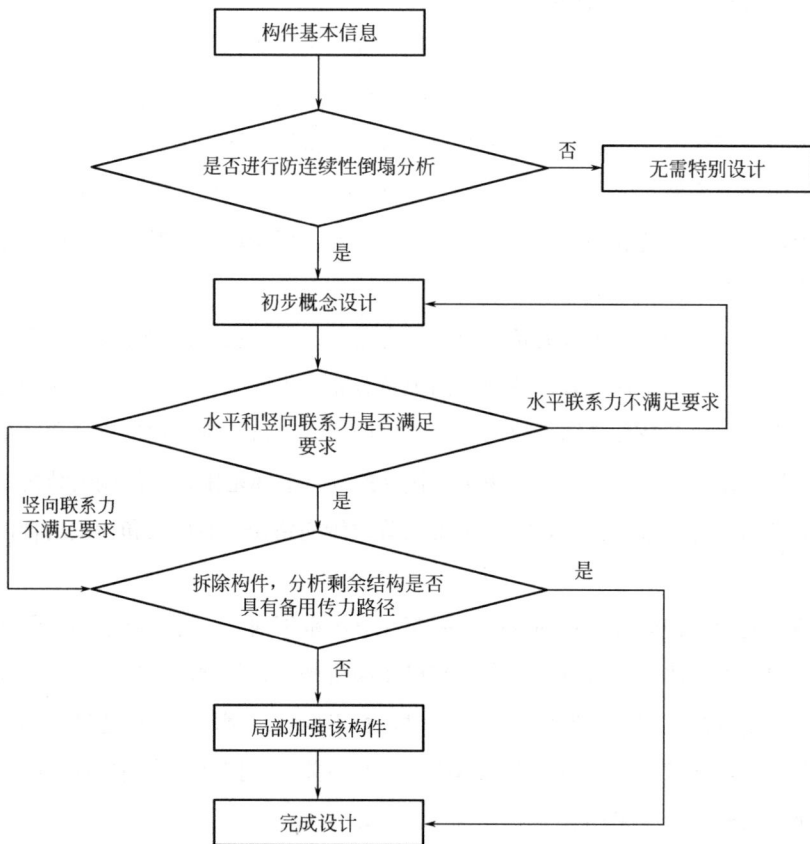

图 7.4　结构防连续性倒塌设计基本流程

7.2.2　结构防连续性倒塌设防分类

国内外规范均规定不同设防等级的结构采取不同的防连续性倒塌设计方法。欧洲规范和美国 UFC4-023 标准根据建筑功能和使用人数将建筑分为 4 个安全等级，并对应 3 种等级的设计方法，即联系力法、拆除构件法和局部抵抗法。我国《民用建筑防爆设计标准》

T/CECS 736—2020 定义了甲、乙、丙、丁 4 级设防类别，并建议：甲类和乙类设防建筑采用改进的拆除构件法或直接动力法，丙类设防建筑可根据业主要求采用构件拆除法进行防连续性倒塌设计。

7.3　结构防连续性倒塌设计方法

结构防连续性倒塌设计方法分直接评估方法和间接评估方法。

直接评估方法包括拆除构件法和局部抵抗法。局部抵抗法要求结构关键构件可抵抗设防非常规荷载。拆除构件法要求结构发生局部破坏后，破坏部位周边的构件可以有效分担并传递破坏部分承担的荷载从而保证结构的整体性。拆除构件法可采用线性静力分析、非线性静力分析、线性动力分析、非线性动力分析和能量法等方法。静力分析方法常采用动力放大系数考虑局部破坏对整体结构产生影响的动力效应。

间接评估方法包括联系力法和概念设计法。联系力法的核心思想是荷载传递路径的连续性和完整性，要求结构在竖向和水平向能够有效传递荷载。概念设计法通过结构布局、楼板传力方式、结构的延性构造以及混凝土截面受拉侧钢筋布置等方法来提高结构抵抗连续性倒塌性能。

7.3.1　概念设计法

概念设计法主要从结构体系的备用传力路径、整体性、延性、连接构造和降低意外荷载发生的可能性等方面进行结构方案和结构布置设计，避免存在易导致结构连续性倒塌的薄弱环节，主要措施有：

（1）使结构体系具有足够的备用荷载传递路径。对于在意外事件下可能失效的结构构件，对周围结构采用合理的结构方案和结构布置，形成具有多个和多向荷载传递路径的结构体系，避免存在可能引发连续性倒塌的薄弱部位。

（2）设置整体型加强构件或设置结构缝。对结构进行分区，将破坏范围控制在分区内，进而控制由局部构件破坏引起的破坏范围。

（3）加强结构延性构造措施。选择延性较好的材料，采用延性构造，提高结构的塑性变形能力，增强剩余结构的内力重分布能力。

（4）加强结构构件的连接构造，保证结构的整体性。对于混凝土框架结构，在外围周边构件中的纵向受力钢筋应拉通布置（纵向、横向、竖向），以确保悬链线效应能够充分发展。结构的内部拉结应沿互相垂直的两个方向分布在各个楼层，并与外部拉结有效连接。

（5）进行风险分析，降低意外作用发生的可能性，针对可能遭遇意外荷载直接作用的结构构件进行局部加强。对居民楼考虑燃气爆炸，对易爆危险品、化工反应装置厂房等考虑化学爆炸，采取措施降低意外事件发生的概率。

（6）由于意外荷载的作用方向可能与正常使用荷载相反，对可能直接遭遇意外荷载作用的部位，需要考虑结构可能承受反向荷载作用的情况。

一般结构，可通过概念设计法增强结构整体性从而提高结构抗连续倒塌能力。

7.3.2 联系力法

联系力法要求结构通过有效联系力来增强其连续性、延性，从而保证结构存在多条传力路径。联系力主要来自梁、柱、楼板、节点，如图 7.5 所示。

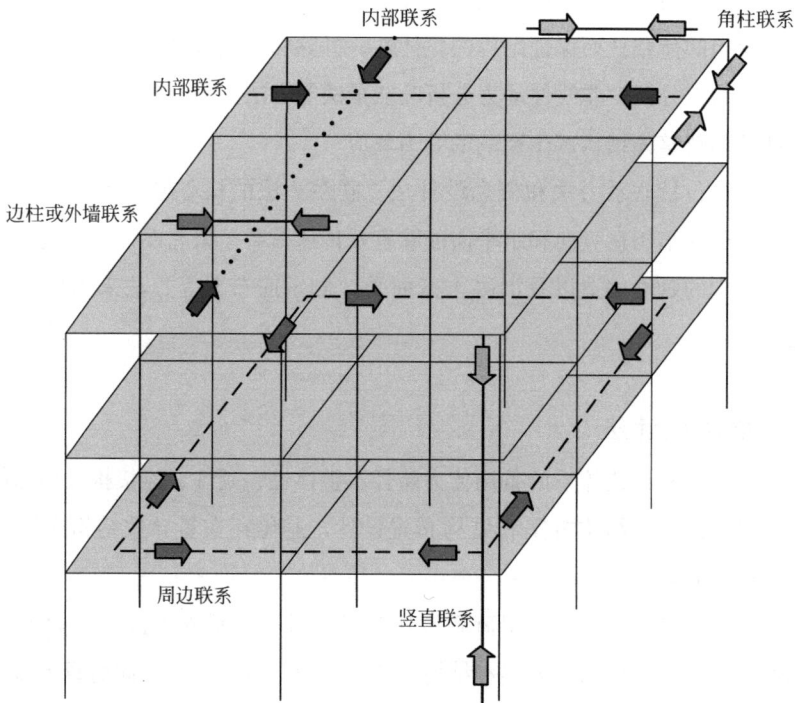

图 7.5 框架结构联系力示意图

结构的水平联系包括：内部联系、周边联系、边柱、角柱以及墙体的联系；而结构竖向联系则包括柱和承重墙的联系。联系力法要求：

（1）水平联系的基本要求：围绕结构平面的周边联系必须连续，结构内部从一侧到另一侧的联系必须连续。

（2）竖向联系的基本要求：角柱、边柱和墙体必须保证从最底层到顶层的连续。当边柱或墙体的联系不连续时，必须有效地固定在结构上。

（3）有相对独立子结构的结构可仅要求保证子结构内部的联系。

（4）所有的联系力路径必须保持直线。

（5）提供联系力的构件不仅需要足够的强度，还需要有效连接来传递联系力。

承受联系力的构件的承载力应满足：

$$\varphi R_n \geqslant R_u \tag{7.1}$$

式中，R_n 为考虑构件实际材料强度的承载力；φ 为抗力分项系数，可取 0.9；R_u 为结构计算所需联系力。

附录 F 以混凝土框架结构为例介绍联系力的具体确定方法，供读者参考。

7.3.3 拆除构件法

拆除构件法用于直接分析抗连续性倒塌性能或联系力不满足需求时的情况。以空间框架为例，去除构件的范围与位置后如图 7.6 所示，主要包括：对于周边柱，需去除角柱、靠长/短边中点以及平面布置突变位置的边柱；对具有停车场或不可控公共通道的结构，需去除长/短边中点附近的内柱、不可控区域的角柱；立面上，一般应考虑去除地面层、中间层以及存在柱拼接或尺寸突变处的上一层的柱。

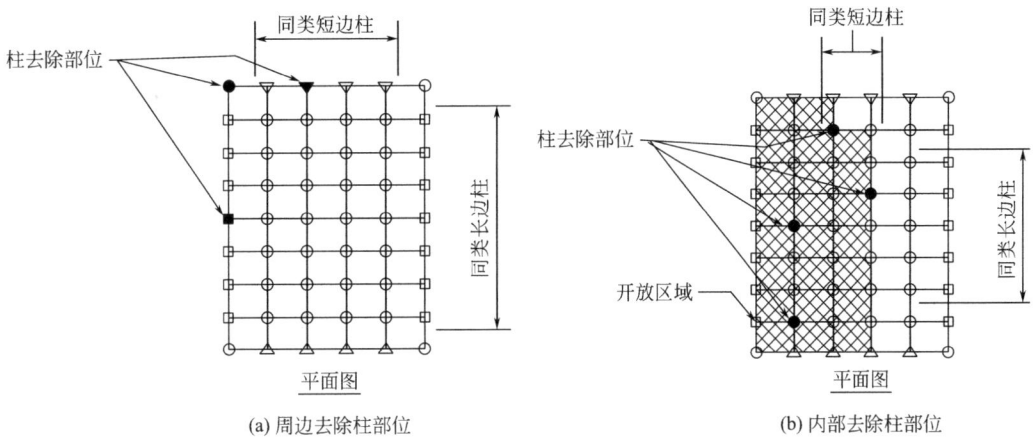

(a) 周边去除柱部位　　　　　　　　(b) 内部去除柱部位

图 7.6　周边以及内部去除柱部位示意图

拆除构件法可采用线性静力分析、非线性静力分析及非线性动力分析方法。三种分析方法的结构模型和分析过程如表 7.1 所示。

拆除构件法的不同分析方法　　　　　　　　　　表 7.1

分析方法	适用范围	分析模型	分析过程
线性静力分析	规则结构	三维，只包含主要构件，不包括去除构件和次要构件	去除竖向构件，一次加载
非线性静力分析	无限制	三维，包含主要构件，不包括去除构件，可包括次要构件	去除竖向构件，逐步加载

续表

分析方法	适用范围	分析模型	分析过程
非线性动力分析	无限制	三维,包含主要构件,可包括去除构件和次要构件	逐步施加荷载,瞬时移除竖向构件,时程分析至结构稳定或破坏

线性静力分析法的主要步骤为:

(1) 确定需移除的结构构件;

(2) 建立剩余结构的数值模型;

(3) 对剩余结构施加规定的荷载;

(4) 分析剩余结构响应;

(5) 判断是否有新的构件破坏:如无,则完成分析;如有,则移除新破坏构件并进行荷载重分配,并重复步骤(3)~(5);

(6) 评估分析结果。

非线性静力分析法的主要步骤为:

(1) 确定需移除的结构关键构件;

(2) 建立剩余结构的数值模型;

(3) 对剩余结构逐级施加至规定的荷载,荷载分级应不少于10级;

(4) 分析每级加载下的结构响应;

(5) 判断是否有新的构件破坏:如无,则重复步骤(4)~(5);如有,则移除该构件,并对荷载进行重分配,重复步骤(3)~(5),直至结构倒塌或达到静力平衡;

(6) 评估分析结果。

非线性动力分析法的主要步骤:

(1) 建立结构的数值模型;

(2) 对结构施加规定的荷载,分析结构静力响应;

(3) 确定并移除结构关键构件;

(4) 对剩余结构进行动力分析,时间步长不应大于剩余结构基本周期的 $1/50$;

(5) 判断结构损伤破坏程度;

(6) 评估分析结果。

采用拆除构件法时,结构材料强度取值应符合下列规定:

(1) 混凝土轴心抗压强度和轴心抗拉强度取标准值;

(2) 验算轴力作用下正截面承载力和斜截面承载力时,钢筋强度取屈服强度标准值;验算受弯承载力和受拉承载力时,钢筋强度取极限强度标准值;

(3) 钢材强度取屈服强度标准值。

采用拆除构件法时，施加的荷载应按下式计算：

$$L_c = \Omega_N(\gamma_G G_k + \psi_{QL}Q_{Lk} + \psi_{QR}Q_{Rk} \text{ 或 } \psi_{QS}S_k) + 0.002\sum P \tag{7.2}$$

式中 L_c——荷载组合的设计值；

    γ_G——永久荷载的分项系数，当其效应对结构不利时可取 1.3，有利时可取 0.9；

    ψ_{QL}——楼面可变荷载频遇值系数，按现行国家标准《建筑结构荷载规范》GB 50009 的有关规定取值；

    ψ_{QR}——屋面可变荷载频遇值系数，按现行国家标准《建筑结构荷载规范》GB 50009 的有关规定取值；

    ψ_{QS}——雪荷载准永久值系数，按现行国家标准《建筑结构荷载规范》GB 50009 的有关规定取值；

    G_k——永久荷载标准值；

    Q_{Lk}——楼面可变荷载标准值；

    Q_{Rk}——屋面可变荷载标准值；

    S_k——雪荷载标准值；

    Ω_N——竖向荷载动力放大系数，当采用线性静力分析法时，对拆除构件相连跨且位于拆除构件以上楼层的构件取 2.0，其他位置构件取 1.0；采用非线性静力分析法时，对拆除构件相连跨且位于拆除构件以上楼层的钢结构构件取 1.35，混凝土框架结构构件取 1.5，混凝土剪力墙结构构件取 2.0，其他位置构件取 1.0；当采用非线性动力分析法和改进拆除构件法时，所有构件均取 1.0；

    $\sum P$——各楼面的永久荷载标准值与可变荷载标准值之和。

采用线性静力分析法时，剩余结构构件的承载力应符合下式规定：

$$R_d \geqslant S_d \tag{7.3}$$

式中 R_d——剩余结构构件的承载力设计值；

    S_d——剩余结构构件的内力设计值。

采用非线性静力分析法和非线性动力分析法时，剩余结构构件的塑性转角应符合下式规定：

$$\theta \leqslant [\theta] \tag{7.4}$$

式中 θ——剩余结构构件的塑性转角；

    $[\theta]$——剩余结构构件的塑性转角限值，钢筋混凝土梁取 0.04（rad）；刚接钢梁：翼缘未削弱或加强的梁取 0.02（rad），翼缘狗骨形削弱的梁取 0.035（rad），翼缘加盖板或加腋的梁取 0.045（rad）。

附录 G 以某 7 层空间混凝土支撑框架结构为例，给出了采用拆除构件法评估该结构抗连续性倒塌性能的计算分析模型，供读者参考。

7.3.4 局部抵抗法

如果采用拆除构件法分析结果不能满足结构防连续性倒塌的要求，则应加强该去除构件并进行抗爆分析和设计。

7.4 结构防连续性倒塌效应机制

提高整体结构抗连续性倒塌能力的最有效方法是加强结构的整体性，可以利用以下三个效应机制。

7.4.1 梁的悬链线效应

两端受轴向约束的梁，可利用悬链线效应机制承受梁横向荷载（图 7.7）。约束梁受载时，首先利用弯曲机制承载，随着挠度增大，梁端内缩趋势受到梁端约束从而在梁中产生轴向拉力，梁挠度越大，拉力也越大，而梁拉力的竖向（梁横向）分量可承受梁上荷载，这种效应即为悬链线效应。梁的这种悬链线机制有可能比弯曲机制承载能力大几倍。

框架结构可利用梁的悬链线效应抵抗由于火灾或爆炸造成的少量柱破坏而导致的连续性倒塌（图 7.8）。要充分发挥梁悬链线效应机制需满足以下条件：一是梁两端需有足够的轴向约束；二是梁柱节点需有足够的转动能力，以使梁能产生悬链线效应所需的挠度。

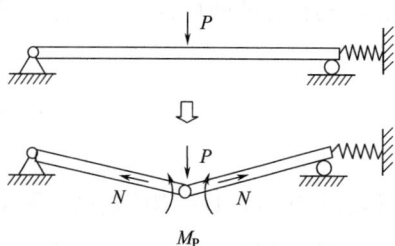

图 7.7 约束梁的悬链线效应

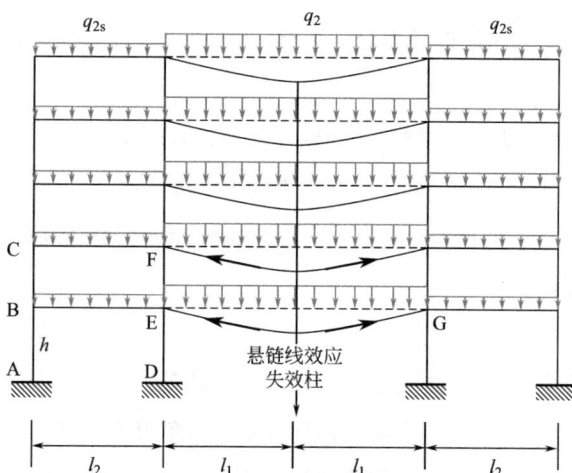

图 7.8 框架结构的悬链线效应

对框架结构中跨内柱失效情况，虽然梁的跨度增大一倍（假定梁的跨度均相等），但失效跨梁两端会受到同一平面未失效跨的框架约束（图 7.8）以及与失效跨不同平面的未失效结构通过楼板平面内刚度的约束。对框架边跨内柱失效情形，失效跨外侧的梁端主要由边柱抗弯刚度提供梁的轴向刚度，约束相对较弱，因此边柱抗弯刚度宜设计得较大。

7.4.2　楼板的薄膜效应

板的薄膜效应类似于悬链线效应，是利用板发生大挠度变形时板内张力的竖向分量承受板上荷载的效应（图 7.9）。一般地，建筑楼板内布置有钢筋网，钢筋网随着楼板挠度的增大会产生薄膜效应（图 7.10），从而增强框架结构抗连续性倒塌能力。

图 7.9　板的薄膜效应

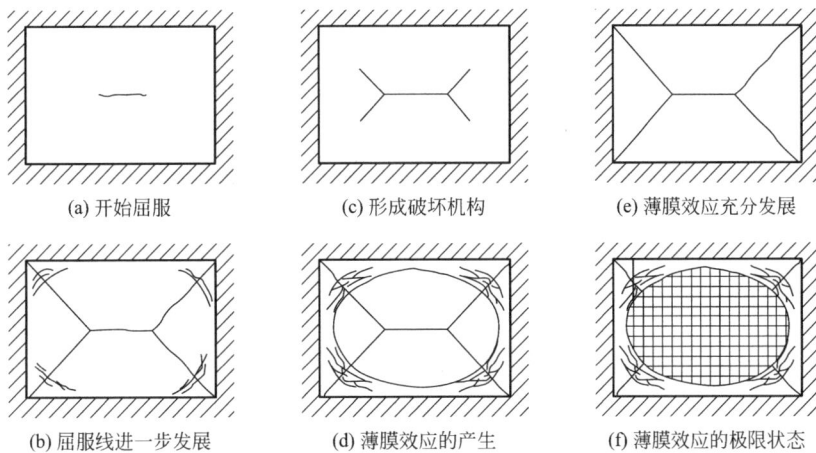

(a) 开始屈服　　　　　　(c) 形成破坏机构　　　　　(e) 薄膜效应充分发展

(b) 屈服线进一步发展　　(d) 薄膜效应的产生　　　　(f) 薄膜效应的极限状态

图 7.10　楼板内薄膜效应随挠度增大的发展过程

为充分发挥楼板薄膜效应的作用，楼板内的钢筋网应连续布置。对于四边支承的楼板（内柱失效情况），板四周的混凝土会自然形成一个压力环承受板中间部位钢筋网中的拉力

（图 7.10f）；对于三边支承的楼板（边柱失效情况），如果边柱不靠近角柱，可以依靠失效柱相邻跨的楼板平面内刚度对失效柱跨的楼板钢筋网的薄膜效应拉力提供支承，但如果失效边柱靠近角柱，楼板的薄膜效应拉力在角柱这一边，则主要靠角柱的抗弯刚度来支承；而对于两边支承的楼板（角柱失效情况），则不能形成楼板薄膜效应，只能利用框架的空腹效应抵抗连续性倒塌。

7.4.3　框架的空腹效应

两层以上框架结构的边柱（特别是角柱）如果发生破坏，可以利用空腹效应抵抗连续性倒塌（图 7.11）。充分发挥框架的空腹效应需要梁柱节点有足够的转动刚度。

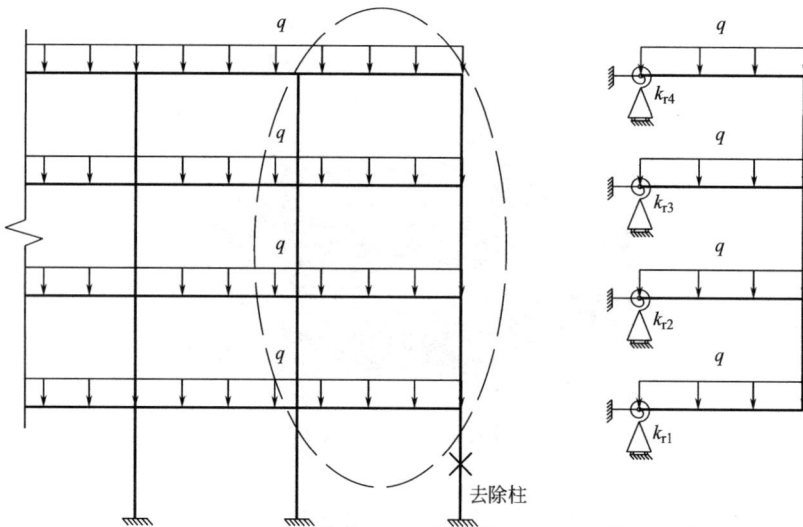

图 7.11　框架结构防连续性倒塌的空腹效应

从以上讨论可知，为充分发挥框架梁的悬链线效应、楼板的薄膜效应和框架的空腹效应的作用，应保证结构的整体性，包括楼板的整体性和刚度、梁柱连接的强度和转动能力以及角柱和边柱的抗弯刚度。

思考题

1. 简述结构连续性倒塌的定义和基本特点。
2. 简述结构防连续性倒塌的设计目标和需求。
3. 简述结构防连续性倒塌的常用评估方法。
4. 简述结构防连续性倒塌的设计流程。
5. 简述结构防连续性倒塌概念设计的基本步骤。

6. 简述结构防连续性倒塌可以利用的结构机制效应。
7. 简述联系力法构件产生水平联系和竖向联系的基本要求。
8. 简述拆除构件法的基本思想和分析方法。

附　录

附录 A　车辆阻挡装置的防撞等级

车辆阻挡装置的防撞等级应根据车辆碰撞条件和碰撞动能按附表 A.1 确定，划分为 L1、L2、L3、M1、M2、M3、H1、H2 和 H3 九级。

车辆阻挡装置的防撞等级　　　　　　　　　　　　附表 A.1

防撞等级	碰撞条件		碰撞动能（kJ）
	车辆类型（车辆质量）	碰撞速度（km/h）	
L1	轿车（1500kg）	65	222～245
	轻型卡车（2300kg）	50	
L2	轿车（1500kg）	80	370～375
	轻型卡车（2300kg）	65	
L3	轿车（1500kg）	100	568～579
	轻型卡车（2300kg）	80	
M1	中型卡车（6800kg）	50	656
M2		65	1110
M3		80	1680
H1	重型卡车（25000kg）	50	2411
H2		65	4075
H3		80	6173

附录 B　爆炸空气冲击波参数计算示例

B.1　高空自由爆炸

已知条件为：球形药包高空自由爆炸，炸药当量 $W=159\mathrm{kg}$，离开地面距离 $H_c=18.3\mathrm{m}$。确定距离炸药垂直距离为 $9.1\mathrm{m}$，水平距离为 $13.7\mathrm{m}$ 处 A 点的爆炸空气冲击波基本参数：入射超压峰值 P_{so}；冲击波传播速度 U；入射冲击波比例冲量 $i_s/\sqrt[3]{W}$；正压作用比例时间 $t_o/\sqrt[3]{W}$；冲击波到达比例时间 $t_a/\sqrt[3]{W}$；冲击波正压比例波长 $L_w/\sqrt[3]{W}$。

（1）确定研究点 A 的几何参数：

$$R=[13.7^2+9.1^2]^{1/2}=16.4\mathrm{m}$$

$$Z=R/\sqrt[3]{W}=16.4/159^{1/3}=3.0\mathrm{m/kg^{1/3}}$$

（2）确定爆炸空气冲击波基本参数，根据 $Z=3.0\mathrm{m/kg^{1/3}}$，由图 3.9 可以确定出 A 点处的爆炸空气冲击波基本参数为：

$$P_{so}=77.2\mathrm{kPa}$$

$$U=408.0\mathrm{m/s}$$

$$i_s/\sqrt[3]{W}=62.8\mathrm{Pa\cdot s/kg^{1/3}}$$

$$t_o/\sqrt[3]{W}=2.7\mathrm{ms/kg^{1/3}}$$

$$t_a/\sqrt[3]{W}=4.1\mathrm{ms/kg^{1/3}}$$

$$L_w/\sqrt[3]{W}=0.8\mathrm{m/kg^{1/3}}$$

B.2　近地面自由爆炸

已知条件为：球形药包距地面近距离爆炸，炸药当量 $W=11350.0\mathrm{kg}$，离开地面距离 $H_c=27.4\mathrm{m}$。确定地面距离炸药水平距离为 $R_G=91.4\mathrm{m}$ 处 A 点的爆炸空气冲击波基本参数。

（1）计算被研究点的基本几何参数：

$$H_c/\sqrt[3]{W}=27.4/(11350.0)^{1/3}=1.2\mathrm{m/kg^{1/3}}\text{（比例高度）}$$

$$\alpha=\arctan(R_G/H_c)=73.3°\text{（入射角）}$$

根据图 3.13 和图 3.14 分别计算出马赫波反射超压和反射冲量：

$$P_{ra}=69.6\mathrm{kPa}$$

$$i_{ra}/\sqrt[3]{W}=82.5\mathrm{Pa\cdot s/kg^{1/3}}$$

（2）由入射冲击波超压 $P_{so}=P_{ra}=69.6\text{kPa}$，根据图 3.9，可以确定出 $Z=3.1\text{m/kg}^{1/3}$；在图 3.9 中，根据 $Z=3.1\text{m/kg}^{1/3}$，可以得出：

$$U=420\text{m/s},$$

$$t_a/\sqrt[3]{W}=390.3\text{ms/kg}^{1/3}$$

（3）由入射冲击波正冲量 $i_{so}/\sqrt[3]{W}=i_{ra}/\sqrt[3]{W}=82.5\text{Pa·s/kg}^{1/3}$，根据图 3.9，可以确定出 $Z=2.3\text{m/kg}^{1/3}$；在图 3.9 中，根据 $Z=2.3\text{m/kg}^{1/3}$，可以确定出：

$$t_o/\sqrt[3]{W}=201.7\text{ms/kg}^{1/3}$$

B.3 地面自由爆炸

已知条件为：半球形药包在地面发生爆炸，炸药当量 $W=11350.0\text{kg}$。确定离开爆炸源距离为 $R_G=161.4\text{m}$ 处地面 A 点的爆炸空气冲击波基本参数：入射超压峰值 P_{so}，冲击波传播速度 U，正压作用比例时间 $t_o/\sqrt[3]{W}$，冲击波到达比例时间。

（1）计算出被研究点的基本几何参数：

$$Z_G=R_G/\sqrt[3]{W}=161.4/11350.0^{1/3}=7.2\text{m/kg}^{1/3}$$

（2）由 $Z_G=7.2\text{m/kg}^{1/3}$，根据图 3.17 可以确定出：

$$P_{so}=23.8\text{kPa}$$

$$U=371.5\text{m/s}$$

$$i_s/\sqrt[3]{W}=42.2\text{Pa·s/kg}^{1/3}$$

$$t_o/\sqrt[3]{W}=4.3\text{ms/kg}^{1/3}$$

$$t_a/\sqrt[3]{W}=13.8\text{ms/kg}^{1/3}$$

附录 C 地面结构物爆炸作用计算示例

确定作用在方形结构上的外部爆炸空气冲击波荷载（附图 C.1），其中炸药 TNT 当量 2724kg，假定作用在结构上的冲击波为平面波（即假定作用在结构上的爆炸空气冲击波荷载沿结构高度不发生变化）。

1. 代表点基本参数的确定

（1）确定炸药当量 $W=2724\text{kg}$、地面距离 $R_G=47.2\text{m}$；

（2）在结构的前面、后面、侧面和顶面等选取不同位置，计算出自由爆炸空气冲击波基本参数（P_{so}、i_s、i_a 等）；以点①为例：$Z_G=R_G/\sqrt[3]{W}=47.2/2724^{1/3}=3.38\text{m/kg}^{1/3}$，由图 3.17

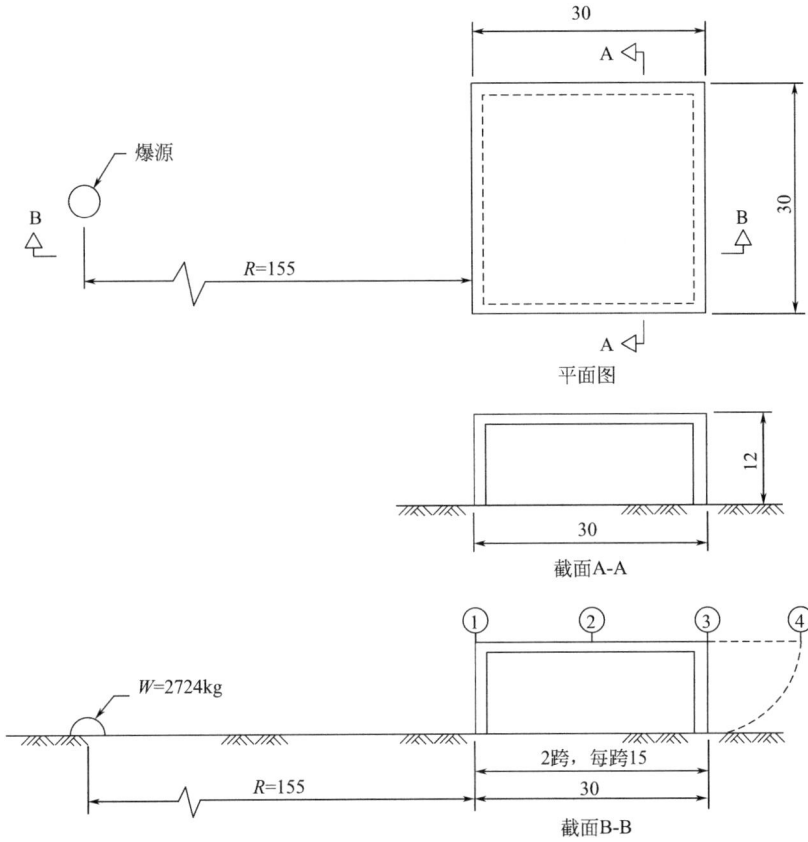

附图 C.1 地面爆炸示意图（单位：英尺）

可以确定出：$P_{so}=88.3$kPa，$t_a=60.9$ms，$L_W=11.6$m，$t_o=42.7$ms，$i_s=1127.3$kPa·ms；重复前面步骤，可以得出其他几个点的基本爆炸空气冲击波超压参数，如附表 C.1 所示。

各点参数汇总   附表 C.1

点	①	②	③
R_G(m)	47.2	51.8	56.3
Z_G(m/kg$^{1/3}$)	3.38	3.71	4.03
P_{so}(kPa)	88.3	74.5	62.1
$t_a/W^{1/3}$(ms/kg$^{1/3}$)	4.36	5.07	5.99
t_a(ms)	60.9	70.9	83.6
$L_W/W^{1/3}$(m/kg$^{1/3}$)	0.83	0.89	0.93
L_W(m)	11.6	12.4	13.0
$t_o/W^{1/3}$(ms/kg$^{1/3}$)	3.06	3.23	3.41
t_o(ms)	42.7	45.1	47.6
$i_s/W^{1/3}$(Pa·s/kg$^{1/3}$)	80.74	—	—
i_s(Pa·s)	1127.3	—	—

2. 前面墙体上爆炸空气冲击波荷载的确定

（1）对于前面墙体，以点①为代表点：

① 计算出正反射超压峰值 $P_r = C_{ra} \times P_{so}$，其中 C_{ra} 参照图 3.10。对于 $P_{so} = 88.3\text{kPa}$，$\alpha = 0$，可以得出 $C_{ra} = 2.6986$，$P_r = 2.6986 \times 88.3 = 238.29\text{kPa}$；

② 根据 P_{so} 由图 3.25 确定出反射冲量 i_r。对于 $P_{so} = 88.3\text{kPa}$，$\alpha = 0$，可以得出 $i_r / \sqrt[3]{W} = 152.5\text{Pa} \cdot \text{s/kg}^{1/3}$，所以 $i_r = 2129.9\text{Pa} \cdot \text{s}$。

（2）确定作用在前面墙体上的正冲击波荷载：

① 根据 P_{so} 由图 3.26 确定出冲击波阵面上的声速 c_r。对于 $P_{so} = 88.3\text{kPa}$，可以得出 $c_r = 403.463\text{m/s}$；

② 计算出时间参数 $t_c = 4S/[(1+R)c_r]$。其中，S 取 H 和 $W/2$ 中的较小值，H 表示结构的高度，W 表示结构的宽度；$R = S/G$（G 取 H 和 $W/2$ 中的较大值）；c_r 表示反射区的声速，$S = 3.7\text{m} < W/2 = 9/2\text{m} = 4.5\text{m}$，$G = 9/2 = 4.5\text{m} > 4\text{m}$，$R = S/G = 3.7/4.5 = 0.822$，所以 $t_c = 20.1\text{ms}$；

③ 计算 $t_{of} = 2i_s/P_{so} = 2 \times 1127.3/88.3 = 25.5\text{ms}$；

④ 根据 $P_{so} = 88.3\text{kPa}$，由图 3.21，可以求出 $q_0 = 24.1\text{kPa}$；

⑤ 计算 $P_{so} + C_D q_0 = 88.3 + 1.0 \times 24.1 = 112.4\text{kPa}$，其中 $C_D = 1.0$；

⑥ 计算 $t_{rf} = 2i_{ra}/P_{ra} = 2 \times 2129.9/238.29 = 17.9\text{ms}$。

（3）确定作用在前面墙体上的负压曲线：

① 根据 $P_r = 238.29\text{kPa}$，由图 3.17 可以确定出 $Z(P_r) = 3.7$；根据 $i_r / \sqrt[3]{W} = 152.5\text{Pa} \cdot \text{s/kg}^{1/3}$，由图 3.17 可以确定出 $Z(i_r) = 4.1$；

② 根据附图 C.2，由 $Z(P_r) = 3.7$，可以得出 $P_r^- = 22.41\text{kPa}$；由 $Z(i_r) = 4.1$，可以得出 $i_r^- / \sqrt[3]{W} = 130.98\text{Pa} \cdot \text{s/kg}^{1/3}$，所以 $i_r^- = 1829.2\text{Pa} \cdot \text{s}$；

③ 计算 $t_{rf}^- = 2i_r^-/P_r^- = 2 \times 1829.2/22.41 = 163.3\text{ms}$；

④ 计算 $0.27t_{rf}^- = 0.27 \times 163.3 = 44.1\text{ms}$；

⑤ $t_o = 42.7\text{ms}$，$t_o + 0.27t_{rf}^- = 42.7 + 44.1 = 86.8\text{ms}$；

⑥ 得出作用在前面墙上的爆炸空气冲击波荷载曲线如附图 C.3 所示。

3. 侧墙上爆炸空气冲击波荷载的确定

（1）确定作用在侧墙上的正爆炸空气冲击波荷载，以②点和③点之间部分为例，取②点为代表点，冲击波参数取②处的参数，计算长度取②点到③点之间的长度，即有 $L = 4.5\text{m}$。

① 计算波长比 $L_W/L = 11.6/4.5 = 2.71$；

② 根据 $L_W/L = 2.71$，由图 3.28、图 3.29 和图 3.30 可以得出：$C_E = 0.759$，$t_d / \sqrt[3]{W} = 0.34$，$t_{of} / \sqrt[3]{W} = 1.27$；

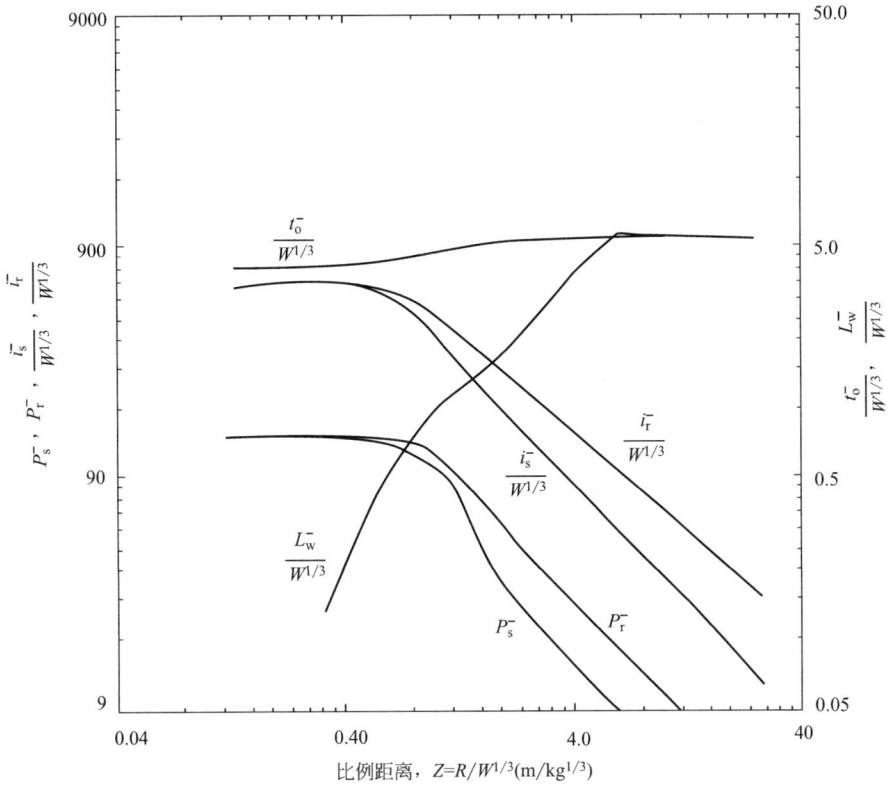

附图 C.2 半球形药包地面自由爆炸后空气冲击波参数汇总图（负压）

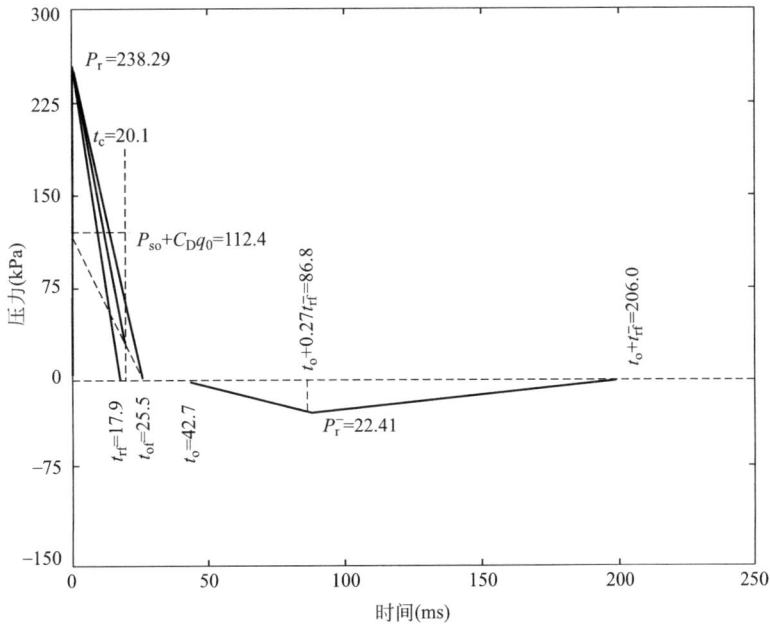

附图 C.3 作用在示例结构前面墙体上的爆炸冲击波荷载曲线

③ 可以计算出：$C_E P_{sof} = 0.759 \times 74.5 = 56.55$，$t_d = 12.0$ms，$t_{of} = 44.9$ms；

④ 根据 $C_E P_{sof} = 0.759 \times 74.5 = 56.55$，由图 3.21，可以求出 $q_0 = 10.36$kPa；

⑤ 计算正压峰值：$P_R = C_E P_{sof} + C_D q_0 = 0.759 \times 74.5 + (-0.40 \times 10.36) = 52.4$kPa；

⑥ 得出作用在侧墙上的爆炸空气冲击波荷载曲线。

（2）确定作用在侧墙上的负爆炸空气冲击波荷载（②点和③点之间），以②点到③点之间部分为例，取②点为代表点，冲击波参数取②点处的参数，计算长度取②点到③点之间的长度，即有 $L = 4.5$m：

① 根据 $L_w/L = 2.71$，由图 3.29 和图 3.30 可以得出：$C_E^- = 0.278$，$t_{of}^- / \sqrt[3]{W} = 13.92$；

② 计算 $P_r^- = C_E^- \times P_{sof} = 0.278 \times 74.5 = 20.7$kPa，$t_{of}^- = 13.92 \times 2724^{1/3} = 194.4$ms；

③ 可以计算出：$0.27 t_{of}^- = 0.27 \times 194.4 = 52.5$ms；

④ $t_o = 45.1$ms，$t_o + 0.27 t_{of}^- = 45.1 + 52.5 = 97.6$ms，$t_o + t_{of}^- = 45.1 + 194.4 = 239.5$ms；

⑤ 得出作用在侧墙上的爆炸空气冲击波荷载曲线，如附图 C.4 所示。

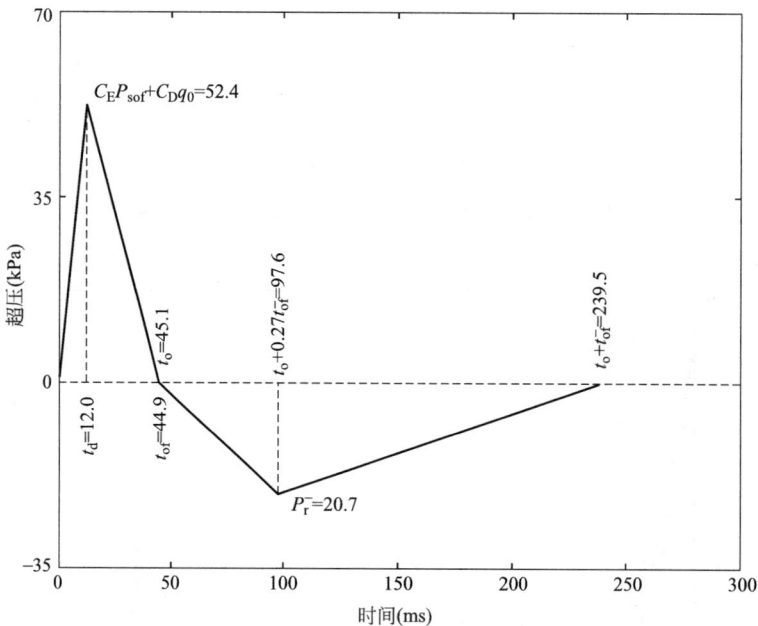

附图 C.4　作用在侧墙上的爆炸空气冲击波荷载曲线

4. 屋顶爆炸空气冲击波荷载的确定

（1）确定作用在屋顶上的正爆炸空气冲击波荷载（①点和③点之间），取①点为代表点。冲击波参数取①点处的参数，计算长度取①点到③点之间的长度，即有 $L = 9.1$m：

① 计算波长比 $L_{Wf}/L = 11.6/9.1 = 1.27$（①点处）；

② 根据 $L_{Wf}/L = 1.27$ 和 $P_{sof} = 88.3$kPa 由图 3.28、图 3.29 和图 3.30 可以得出：$C_E = $

0.52，$t_{\mathrm{d}}/\sqrt[3]{W}=1.63$，$t_{\mathrm{of}}/\sqrt[3]{W}=4.03$；

③ 可以计算出：$C_{\mathrm{E}}P_{\mathrm{sof}}=0.52\times88.3=45.92\mathrm{kPa}$，$t_{\mathrm{d}}=22.7\mathrm{ms}$，$t_{\mathrm{of}}=56.3\mathrm{ms}$；

④ 根据 $C_{\mathrm{E}}P_{\mathrm{sof}}=45.92\mathrm{kPa}$，由图 3.21，可以求出 $q_0=7.2\mathrm{kPa}$；

⑤ 计算正压峰值：$P_{\mathrm{R}}=C_{\mathrm{E}}P_{\mathrm{sof}}+C_{\mathrm{D}}q_0=0.52\times88.3+(-0.40)\times7.2=43.0\mathrm{kPa}$；

（2）确定作用在屋顶上的负爆炸空气冲击波荷载（①点和③点之间），取①点为代表点。冲击波参数取①点处的参数，计算长度取①点到③点之间的长度，即有 $L=9\mathrm{m}$：

① 根据 $L_{\mathrm{Wf}}/L=1.27$，由图 3.29 和图 3.30 可以得出：$C_{\mathrm{E}}^{-}=0.259$，$t_{\mathrm{of}}^{-}/\sqrt[3]{W}=15.22$；

② 计算 $P_{\mathrm{r}}^{-}=C_{\mathrm{E}}^{-}\times P_{\mathrm{sof}}=0.259\times88.3=22.9\mathrm{kPa}$，$t_{\mathrm{of}}^{-}=15.22\times2724^{1/3}=212.6\mathrm{ms}$；

③ 可以计算出：$0.27t_{\mathrm{of}}^{-}=0.27\times212.6=57.4\mathrm{ms}$；

④ $t_0=42.7\mathrm{ms}$，$t_0+0.27t_{\mathrm{of}}^{-}=42.7+57.4=100.1\mathrm{ms}$，$t_0+t_{\mathrm{of}}^{-}=42.7+212.6=255.3\mathrm{ms}$；

⑤ 得出作用在屋顶上的爆炸空气冲击波荷载曲线，如附图 C.5 所示。

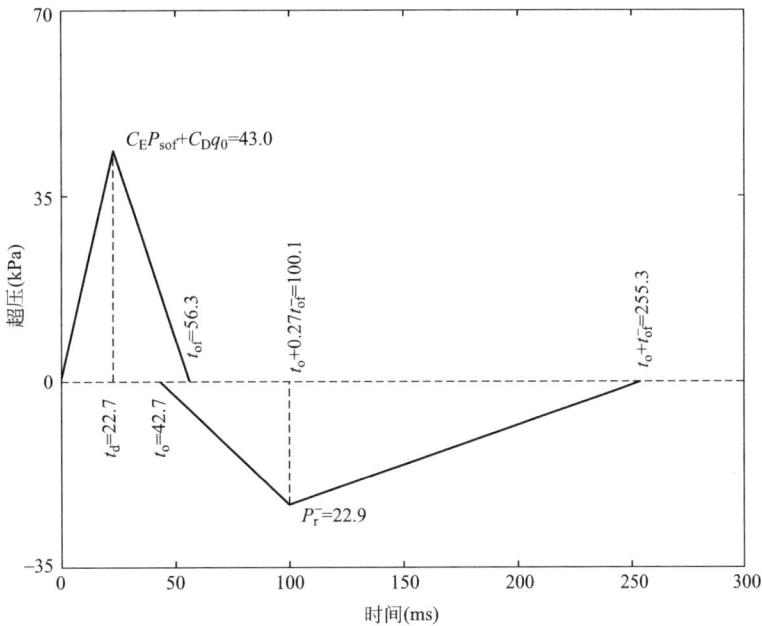

附图 C.5　作用在屋顶上的爆炸空气冲击波荷载曲线

5. 后墙爆炸空气冲击波荷载的确定

（1）确定作用在后墙上的正爆炸空气冲击波荷载（③点到④点）（假设后墙水平放倒）。取③点为代表点。冲击波参数取③点处的参数，计算长度取③点到④点之间的长度，即有 $L=3.6\mathrm{m}$：

① 计算波长比 $L_{\mathrm{Wf}}/L=13/3.6=3.6$；

② 根据 $L_{\mathrm{Wf}}/L=3.6$ 和 $P_{\mathrm{sof}}=62.0\mathrm{kPa}$，由图 3.28、图 3.29 和图 3.30 可以得出：$C_{\mathrm{E}}=0.83$，$t_{\mathrm{d}}/\sqrt[3]{W}=0.66$，$t_{\mathrm{of}}/\sqrt[3]{W}=3.19$；

142

③ 可以计算出：$C_E P_{sof}=0.83\times62.0=51.5$kPa，$t_d=9.3$ms，$t_{of}=44.5$ms；

④ 根据 $C_E P_{sof}=51.5$kPa，由图 3.21，可以求出 $q_0=9.0$kPa；

⑤ 计算正压峰值：$P_R=C_E P_{sof}+C_D q_0=0.83\times62.0+(-0.40)\times9.0=47.9$kPa；

（2）确定作用在后墙上的负爆炸空气冲击波荷载（③点到④点）（假设后墙水平放倒），取③点为代表点。冲击波参数取③点处的参数，计算长度取③点到④点之间的长度，即有 $L=3.6$m：

① 根据 $L_{wf}/L=3.6$，由图 3.29 和图 3.30 可以得出：$C_E^-=0.285$，$t_{of}^-/\sqrt[3]{W}=13.66$；

② 计算 $P_r^-=C_E^-\times P_{sof}=0.285\times62.0=17.7$kPa，$t_{of}^-=13.66\times2724^{1/3}=190.8$ms；

③ 可以计算出：$0.27t_{of}^-=0.27\times190.8=51.5$ms；

④ $t_o=47.6$ms，$t_o+0.27t_{of}^-=47.6+51.5=99.1$ms，$t_o+t_{of}^-=47.6+190.8=238.4$ms；

⑤ 得出作用在后墙上的爆炸空气冲击波荷载曲线，如附图 C.6 所示。

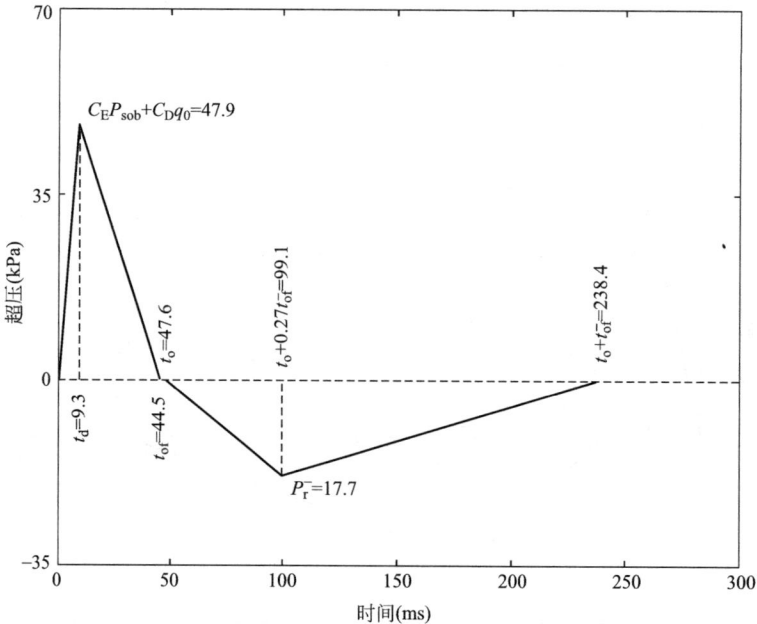

附图 C.6　作用在后墙上的爆炸空气冲击波荷载曲线

附录 D　等效简化单自由度模型建立实例

本附录以钢筋混凝土柱为例，建立其在侧向爆炸作用下的等效单自由度模型。首先，假定钢筋混凝土柱为理想刚塑性构件，只考虑弯曲变形，不考虑剪切变形，发生弯曲破坏时在两端支座和跨中出现理性塑性铰，其塑性极限弯矩为 M_{peq}（附图 D.1），另外假定当钢筋混凝

土柱跨中位移达到 Y_m 时构件破坏。

附图 D.1 (a) 中，当钢筋混凝土柱支座两端出现塑性铰时，荷载和跨中位移分别为：

$$P_1 = 12M_{peq}/L^2 \tag{D.1}$$

$$Y_1 = P_1 L^4/(384E_{eq}I_{eq}) = 12L^2 M_{peq}/(384E_{eq}I_{eq}) \tag{D.2}$$

附图 D.1 (b) 中，当跨中出现塑性铰时，可增加的荷载和跨中位移分别为：

$$P_2 = 4M_{peq}/L^2 \tag{D.3}$$

$$Y_2 = 5P_2 L^4/(384E_{eq}I_{eq}) = 20L^2 M_{peq}/(384E_{eq}I_{eq}) \tag{D.4}$$

当钢筋混凝土柱变成机构时，总的荷载和跨中位移分别为：

$$P_0 = P_1 + P_2 = 16M_{peq}/L^2 \tag{D.5}$$

$$Y'_0 = Y_1 + Y_2 = 32L^2 M_{peq}/(384E_{eq}I_{eq}) \tag{D.6}$$

式中，Y_1 为钢筋混凝土柱支座出现塑性铰时跨中位移；Y_2 为跨中出现塑性铰时跨中增加的位移；Y'_0 为钢筋混凝土柱变成机构时跨中总位移；M_{peq} 为钢筋混凝土柱截面塑性极限弯矩（假定跨中和支座处塑性极限弯矩相等）；E_{eq} 为钢筋混凝土柱截面整体等效弹性模量；I_{eq} 为钢筋混凝土柱截面整体等效惯性矩；P_1 为钢筋混凝土柱支座截面出现塑性铰时的压力；P_2 为钢筋混凝土跨中截面出现塑性铰时进一步增加的压力；P_0 为钢筋混凝土柱支座和跨中截面都出现塑性铰时的总压力。

可以推出等效简化单自由度模型（附图 D.2a）为：

$$M_{eq}\ddot{Y} + K_{eq}Y = F_{eq}(t) \qquad (Y \leqslant Y_0) \tag{D.7}$$

$$M_{eq}\ddot{Y} + R_{eq} = F_{eq}(t) \qquad (Y_m \geqslant Y > Y_0) \tag{D.8}$$

$$Y_0 = 5L^2 M_{peq}/(96E_{eq}I_{eq}) \tag{D.9}$$

式中，$M_{eq} = K_{M1}\overline{M}$ 为钢筋混凝土柱等效质量，$K_{M1} = 0.5$，$\overline{M}$ 为钢筋混凝土柱的实际总质量；$K_{eq} = K_{L1}K_0$ 为钢筋混凝土柱弹性阶段等效刚度，$K_{L1} = 0.64$，$K_0 = 307E_{eq}I_{eq}/L^3$ 为钢筋混凝土柱等效初始弹性刚度；$F_{eq} = K_{L1}\overline{F}(t)$ 为等效荷载，$\overline{F}(t) = \Delta P^+(t) \cdot B \cdot L$ 为作用在钢筋混凝土柱上的冲击波荷载总和，$\Delta P^+(t)$ 为冲击波超压，B 为钢筋混凝土柱截面宽度，L 为钢筋混凝土柱高度；$R_{eq} = K_{L1}R_0$ 为等效抗力极值，$R_0 = 16M_{peq}/L$ 为初始等效极限抗力；Y_0 为把双线性曲线变成理想弹塑性曲线时的等效弹性位移；Y_m 为最大塑性位移。

附图 D.2 所示等效简化单自由度模型的关键是弹性位移 Y_0、塑性位移最大值 Y_m 和等效抗力 R_{eq} 的确定，下面分别进行分析研究。

爆炸冲击荷载作用下，钢筋（骨）混凝土柱的动力反应模式非常复杂，主要受到钢筋混凝土柱中存在的轴力、钢筋（骨）和混凝土之间相互作用、钢骨翼缘局部变形、混凝土断裂破坏和材料应变率效应等多种因素的影响。所以从理论上分析钢筋（骨）混凝土柱的等效弹性位移 Y_0 和破坏时最大位移 Y_m 非常困难。

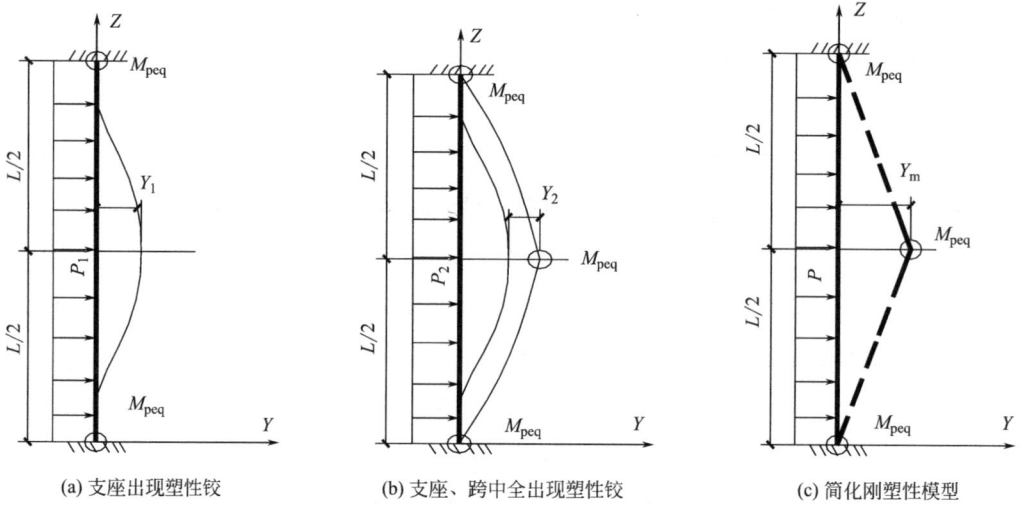

附图 D.1　钢筋混凝土柱简化理想刚塑性模型计算简图（孙建运，2007）

(a) 支座出现塑性铰　(b) 支座、跨中全出现塑性铰　(c) 简化刚塑性模型

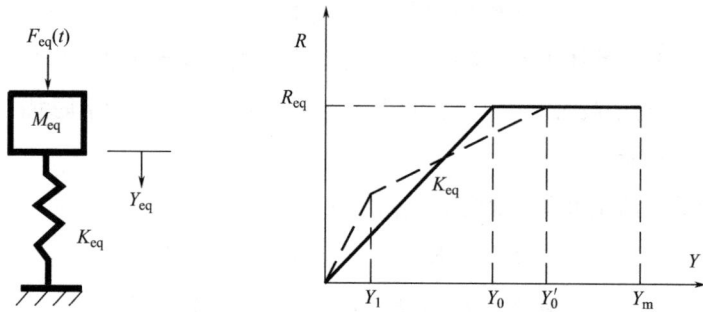

(a) 等效简化单自由度模型示意图　(b) 等效刚度计算示意图

附图 D.2　钢筋混凝土柱等效简化单自由度模型示意图（孙建运，2007）

可以采用数值分析方法通过计算机软件确定钢筋（骨）混凝土柱的等效弹性位移 Y_0 和破坏时最大位移 Y_m，对于附表 D.1 所列几何参数的柱，混凝土强度等级全为 C50，钢骨采用 Q345，纵筋和箍筋分别采用 HRB335 和 HPB300（柱子参数源于一既有结构），近似施加一静力作用，可得出附图 D.3 所示的柱外力-跨中位移关系曲线。

钢筋（骨）混凝土柱分类表　　　　　　　　　附表 D.1

钢筋混凝土柱分类	钢筋混凝土柱尺寸 $B \times H \times L$(mm)	跨高比 L/H	钢骨尺寸 $b_f \times h_w \times t_w \times t_f$ (mm)	纵筋用量	箍筋用量	轴力 (kN)
1	400×500×2500	5.0	200×300×12×16	12Φ16	φ10@100	4158
2	600×600×5000	8.3	400×400×12×22	12Φ20	φ10@100	7484
3	550×550×2500	4.55	350×350×12×18	12Φ18	φ10@100	6289
4	600×600×2500	4.1	400×400×12×22	12Φ20	φ10@100	7484

续表

钢筋混凝 土柱分类	钢筋混凝土柱尺寸 $B \times H \times L$ (mm)	跨高比 L/H	钢骨尺寸 $b_f \times h_w \times t_w \times t_f$ (mm)	纵筋 用量	箍筋 用量	轴力 (kN)
5	$500 \times 800 \times 2500$	3.12	$300 \times 600 \times 16 \times 18$	12 ϕ 22	$\phi 10@100$	8316
6	$600 \times 700 \times 2500$	3.57	$400 \times 500 \times 14 \times 18$	12 ϕ 22	$\phi 10@100$	8732

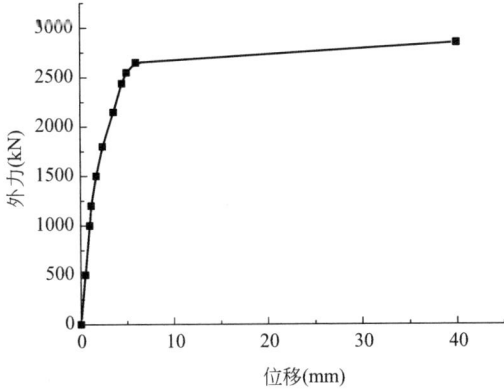

(a) 柱1外力-跨中位移关系曲线

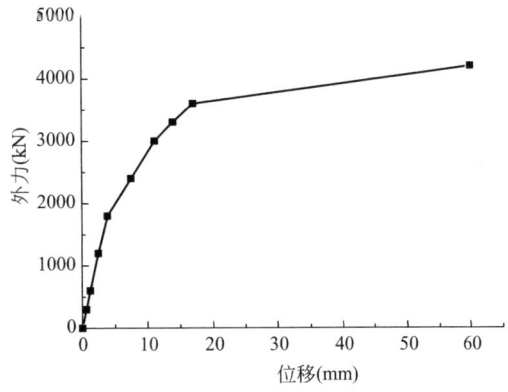

(b) 柱2外力-跨中位移关系曲线

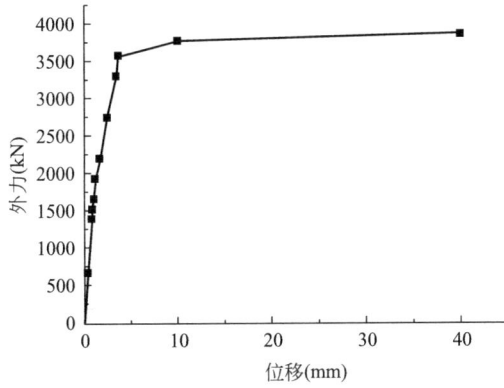

(c) 柱3外力-跨中位移关系曲线

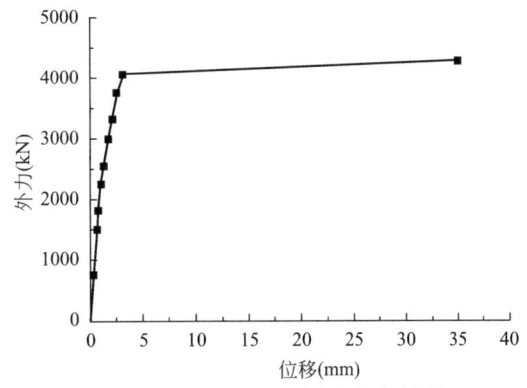

(d) 柱4外力-跨中位移关系曲线

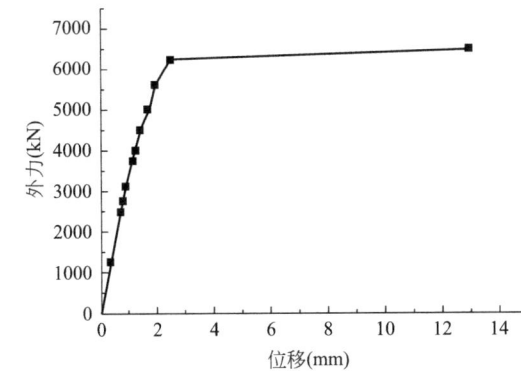

(e) 柱5外力-跨中位移关系曲线

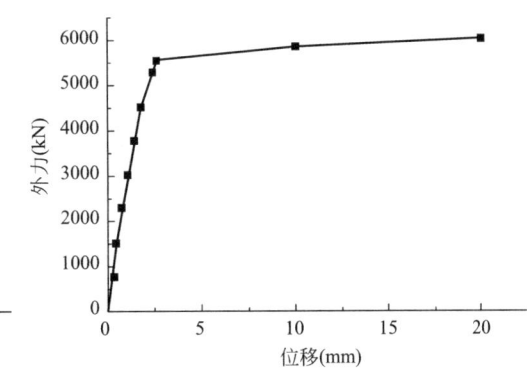

(f) 柱6外力-跨中位移关系曲线

附图 D.3　钢筋（骨）混凝土柱外力-跨中位移关系曲线（孙建运，2007）

根据前面分析可以看出钢筋混凝土柱在侧向荷载作用下的破坏模式可以分为三种：（1）存在明显的弹性极限位移 $\widetilde{Y}_0$ 和塑性极限位移 Y_m（柱1、2）；（2）不存在明显的弹性极限位移 $\widetilde{Y}_0$ 和塑性极限位移 Y_m（柱5、6）；（3）存在明显的弹性极限位移 $\widetilde{Y}_0$ 和塑性极限位移 Y_m，但塑性极限位移 Y_m 要比第一种情况小（柱3、4）。

钢筋混凝土柱的破坏模式主要与跨高比 $\kappa=L/H$ 有关，根据跨高比 $\kappa=L/H$ 的不同，钢筋混凝土柱破坏时跨中最大位移有很大差别。当跨高比较大（$\kappa=L/H \geqslant 5.0$）时，钢筋混凝土柱能明显区分出弹性极限位移和塑性极限位移，发生破坏时的塑性极限位移大致为 $Y_m=L/(300{\sim}400)$；当跨高比较小时（$\kappa=L/H \leqslant 4.0$）时，钢筋混凝土柱不能明显区分出弹性极限位移和塑性极限位移，发生破坏时的塑性极限位移大致为 $Y_m=L/1000$；当跨高比为 $40<\kappa=L/H<5.0$ 时，钢筋混凝土柱能明显区分出弹性极限位移和塑性极限位移，但是发生破坏时的塑性极限位移较小，大致为 $Y_m=L/(650{\sim}750)$。

等效单自由度体系模型的关键问题是确定等效弹性极限位移 Y_0 和破坏时塑性极限位移 Y_m，Y_m 可以直接采用前面数值分析得出的结果，但是弹性极限位移 Y_0 却与前面数值模拟得出的 $\widetilde{Y}_0$ 不同。数值分析得出的弹性极限位移 $\widetilde{Y}_0$ 大致相当于式（D.2）中的 Y_1，而等效单自由度体系模型中的弹性极限位移 Y_0 却与式（D.9）中的 Y_0 相一致，由式（D.2）和式（D.9）可以看出 $Y_0/Y_1 \approx 1.7$。为了简化分析，这里取 $Y_0=2\widetilde{Y}_0=L/1000$，附图 D.4 为假设的钢筋混凝土柱在爆炸冲击波荷载作用下等效简化单自由度体系理想弹塑性模型的等效位移-抗力曲线，根据钢筋混凝土柱跨高比 $\kappa=L/H$ 的不同，分为三种模型。

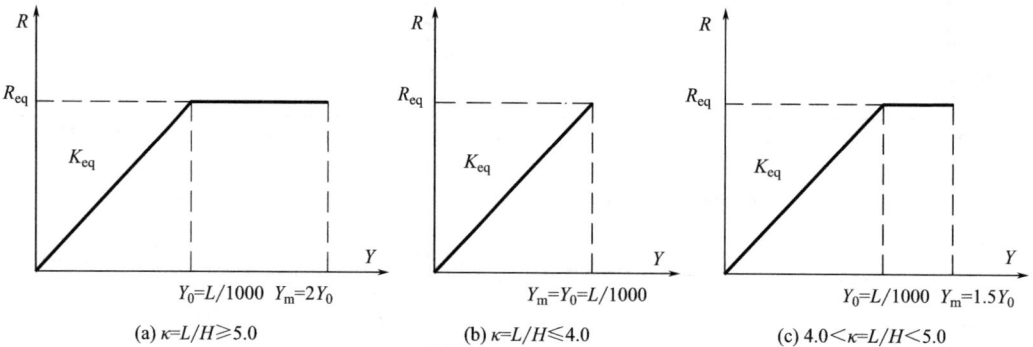

附图 D.4　钢筋混凝土柱等效简化单自由度体系理想弹塑性模型的等效
位移-抗力曲线（孙建运，2007）

当计算钢筋混凝土柱的塑性极限弯矩 M_{peq} 时，采用下面假定：（1）如果柱中还有型钢（钢骨），假定钢骨只承担轴力，弯矩由钢筋混凝土承担；（2）钢筋混凝土按压弯构件计算；（3）不考虑材料的应变率效应。

附图 D.5 给出了钢筋（骨）混凝土柱在爆炸冲击荷载作用下的截面计算简图。图中，B

表示钢筋混凝土柱截面宽度；H 表示钢筋混凝土柱截面高度；b_f 表示钢骨翼缘宽度；h_w 表示钢骨腹板高度；t_f 表示钢骨翼缘厚度；t_w 表示钢骨腹板厚度；a_1 和 a_1' 表示钢骨保护层厚度；A_s 表示受拉区钢筋面积；A_s' 表示受压区钢筋面积；a_s 表示受拉区钢筋合力作用点到钢筋混凝土柱边距离；a_s' 表示受压区钢筋合力作用点到钢筋混凝土柱边距离；X 表示受压区高度；h_0 表示计算高度；B_{eq} 表示等效宽度。

根据钢筋混凝土结构基本计算理论，可以求出：

$$N_{ss} = (2b_f \cdot t_f + h_w \cdot t_w)\sigma_y \tag{D.10}$$

$$N_{RC} = N_0 - N_{ss} \geqslant 0 \tag{D.11}$$

$$X = (N_{RC}/f_c - B \cdot a_1 - (B - b_f) \cdot t_f)/(B - t_w) + a_1 + t_f \geqslant a_1 + 1.5t_f \tag{D.12}$$

$$B_{eq} = [B \cdot a_1 + (B - b_f) \cdot t_f + (B - t_w)(X - a_1 - t_f)]/X \tag{D.13}$$

$$M_{peq} = B_{eq} \cdot X(h_0 - X/2) \cdot f_c + A_s' \cdot (h_0 - a_s')\sigma_y \tag{D.14}$$

其中，f_c 表示混凝土抗压强度；σ_y 表示钢筋抗拉强度；N_0 表示钢筋混凝土柱受到的轴向压力；N_{ss} 表示钢骨承担的轴力；N_{RC} 表示混凝土承担的轴力；M_{peq} 表示钢筋混凝土柱截面所能承担的塑性极限弯矩。

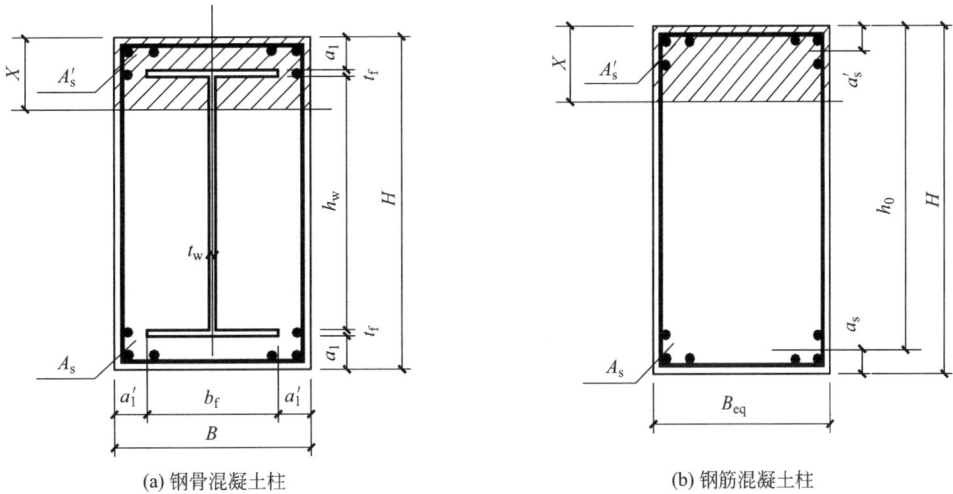

(a) 钢骨混凝土柱   (b) 钢筋混凝土柱

附图 D.5 爆炸冲击荷载作用下钢筋（骨）混凝土柱截面

计算简图（孙建运，2007）

可以推出等效单自由度模型的极限抗力为：

$$R_0 = 16M_{peq}/L \tag{D.15}$$

$$R_{eq} = K_{L1}R_0 = 10.24M_{peq}/L \tag{D.16}$$

附录 E　数值法抗爆分析示例

E.1　结构构件——钢筋混凝土柱

1. 数值模型

下面通过数值模拟方法来研究 RC（钢筋混凝土）柱在爆炸冲击波荷载作用下的响应，使用软件为 LS-DYNA。钢筋混凝土柱模型如附图 E.1（a）所示。RC 柱的纵向钢筋为直径 12mm 的 HRB400 级钢筋。箍筋为直径 8mm 的 HPB300 级钢筋。有限元模型如附图 E.1（b）所示。混凝土用单个积分点的 8 节点实体单元模拟；钢筋采用 2×2 Gauss 积分的 3 节点梁单元模拟；钢筋和混凝土间的黏结滑移用弹簧单元模拟，钢筋和混凝土重合的节点在 x 和 y 方向上进行位移的耦合处理。为了避免单元的互相穿透，设置接触关键字 $*$ Contact Automatic Single Surface。在模拟中，约束了 RC 柱上支座所有节点的水平方向自由度（x 和 y 方向），同时约束了下支座所有节点的水平和竖向自由度（x，y 和 z 方向）。基于网格收敛性分析确定混凝土和钢筋的网格尺寸均为 20mm。

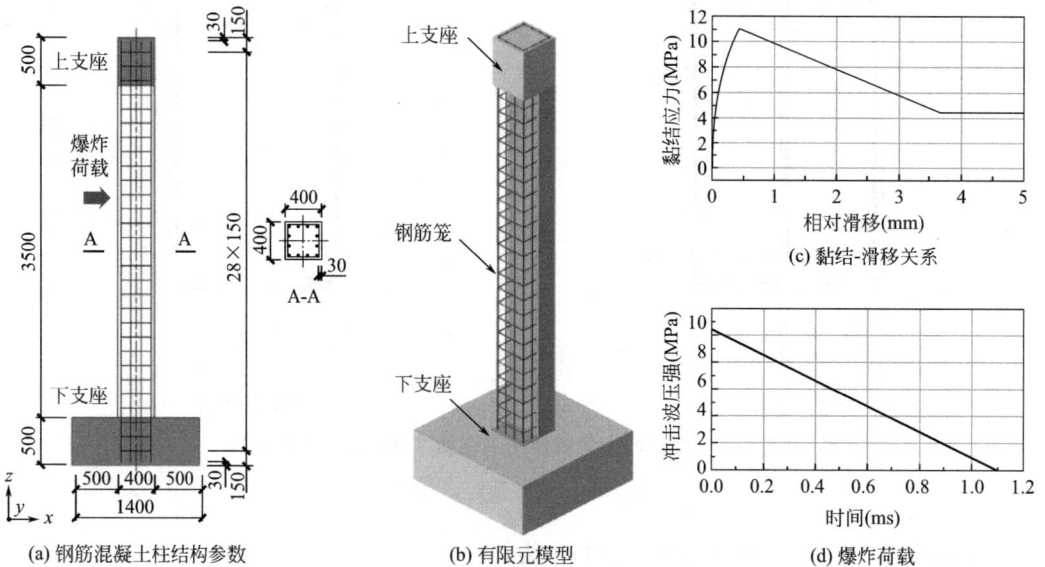

(a) 钢筋混凝土柱结构参数　　　　(b) 有限元模型　　　　(c) 黏结-滑移关系　　(d) 爆炸荷载

附图 E.1　RC 柱模型

LS-DYNA 中有很多材料模型可以用来模拟混凝土，本次采用 Mat_Concrete_Damage_Rel3（MAT_72_REL3）模型对混凝土进行模拟。该模型可以输出材料的比例损伤。当材料从屈服破坏面过渡到最大破坏面时，比例损伤的范围为 0~1；当材料从最大破坏面过渡到残余破坏面时，比例损伤的范围为1～2。通过比例损伤，可以直观表征 RC 构件的损伤发展。而且，该模型只需要输入非约束混凝土抗压强度即可自动计算其他参数。混凝土采用最大主应变失效准则，设为 0.1。LS-DYNA 中采用 Erosion 算法将失效的单元删除。

LS-DYNA 常用的模拟钢筋的材料为：Mat Piecewise Linear 和 Mat Plastic Kinematic。在本次模拟中，钢筋采用 Piecewise_Linear_Plasticity（MAT_024）模拟。当钢筋单元的有效塑性应变达到 0.18 时，可以认为钢筋单元已经失效。失效的单元可以直接通过在 Piecewise_Linear_Plasticity（MAT_024）中的参数设定进行删除。

在模拟钢筋和混凝土之间的黏结-滑移性能时，有如下几种方法：（1）将钢筋和混凝土单元进行共节点处理，即不考虑钢筋和混凝土的滑移问题，假设钢筋和混凝土之间的黏结为完美黏结；（2）采用 LS-DYNA 中的关键字＊CONSTRAINED_BEAM_IN_SOLID 将钢筋单元约束在混凝土单元中，并定义钢筋和混凝土的黏结-滑移关系，从而实现黏结-滑移的模拟；（3）在钢筋单元和混凝土单元的节点重合处采用弹簧单元模拟钢筋和混凝土之间的黏结滑移，并在垂直于滑移方向上用关键字＊CONSTRAINED_NODE_SET 将重叠的钢筋和混凝土节点的位移进行耦合。本次模拟采用第三种方法，纵向钢筋和混凝土的黏结滑移采用 Spring_General_Nonlinear（MAT_S06）模拟，假设箍筋和混凝土间为完全黏结。钢筋和混凝土之间的黏结滑移模型根据 Model Codes 2010 中规定的公式进行计算，计算所得的黏结滑移模型如附图 E.1（c）所示。上述材料的相关材料参数如附表 E.1 所示。爆炸荷载假设为沿柱迎爆面均匀分布的下降三角形荷载。如附图 E.1（d）所示，爆炸荷载峰值为 9.5MPa，持时为 1.1ms。

钢筋混凝土柱的相关材料参数　　　　　　　　　　　　　　附表 E.1

材料	模型	参数类型	取值
混凝土	＊Mat_Concrete_Damage_Rel3	密度(kg/m^3)	2400
		抗拉强度(MPa)	3.82
		抗压强度(MPa)	30.4
纵向钢筋和箍筋	＊Mat_Piecewise_Linear_Plasticity	密度(kg/m^3)	7800
		杨氏模量(GPa)	200
		纵向钢筋的屈服强度(MPa)	400
		箍筋的屈服强度(MPa)	300
		泊松比	0.3
		纵筋直径(mm)	12
		箍筋直径(mm)	8
黏结滑移	＊Mat_Spring_Nonlinear_Elastic	附图 E.1(c)	

2. 动力响应特征及破坏模式

爆炸作用下，RC柱的响应经历三个阶段：（1）横向应力波响应阶段，（2）弯曲波响应阶段；（3）混合响应阶段。

1）横向应力波响应阶段

在爆炸冲击波作用于RC柱的迎爆面时，在表面形成横向压缩应力波向背爆面传播，抵达背爆面时反射形成拉伸应力波，如附图E.2所示。横向应力波在柱内的传播可能导致迎爆面混凝土发生压碎和背爆面混凝土发生剥落。本书给出的算例并未表现出明显的横向应力波损伤。

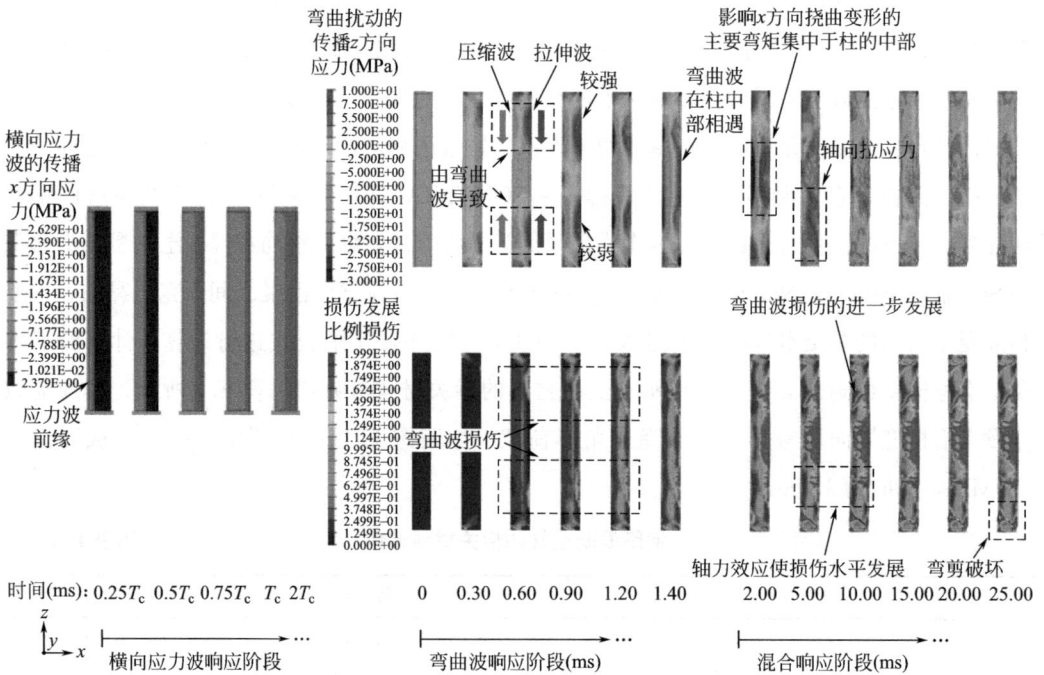

附图 E.2　RC柱的三阶段受爆响应（T_c 为钢筋混凝土柱的自振周期）

2）弯曲波响应阶段

附图E.2描述了均布爆炸荷载作用下RC柱在弯曲波响应阶段和混合响应阶段的响应特征。

当爆炸冲击波引起的横向压缩波在柱的背爆面发生反射后，在RC柱的上下支座附近会产生明显的局部弯剪变形。如果近支座处的配筋率不足，则会导致近支座处的直剪破坏。如果配筋足够，则这种变形会以波的形式分别从柱端开始向柱的中部传播，即弯曲波。弯曲波实质上是弯矩扰动和剪切扰动的组合。柱未受弯曲波干扰的部分将在水平惯性力的作用下水平移动，直到两个弯曲波在柱的中间相遇，如附图E.2中1.40ms时刻的应力分布所示。

弯曲波的传播会导致RC柱上下支座附近产生弯曲损伤。由于上支座的竖向自由度被释放，导致 RC 柱上部的弯曲波更加显著，这也使 RC 柱上部的弯曲波造成的损伤更加严重。

当来自上下两端的弯曲波在柱中部相遇后，RC 柱的响应进入混合响应阶段。在这个阶段，RC 柱的响应由已经显著弥散的弯曲波和惯性力作用共同引起，结构响应趋于整体响应，如附图 E.2 中 2.00ms 时刻的内力分布所示。

3）混合响应阶段

在混合响应阶段，随着 RC 柱的整体变形增大，RC 柱的中部和端部均会有新的损伤产生。在柱的端部，由于弯矩和剪力均比较显著，所以 RC 柱的两端会各产生一条明显的弯剪裂缝。由于柱中部的弯矩较大而剪力相对较小，所以此处会产生新的弯曲损伤。另一方面，在弯曲波响应阶段产生的损伤也会因 RC 柱整体变形的增大而继续发展。如附图 E.2 中 10.00ms 时刻的标注所示，弯曲波导致的损伤在混合响应阶段沿斜向向柱中部的受压缘发展，这个现象在 RC 柱的上部和下部均可以观察到。然而，由于上支座和下支座在 z 方向的自由度分别被释放和约束，导致在整体变形作用下，RC 柱下部的轴向拉力远大于上部的，如附图 E.2 中 5.00ms 时刻的 z 向内力分布所示。

附图 E.3 给出了 RC 柱的中点位移时程曲线，可以看出，RC 柱的柱中位移随时间的增长在经历了上升和下降后无法再回到原点，而是表现出了一定的残余位移，这是由 RC 柱在弯曲波响应阶段和混合响应阶段积累的损伤所导致的结果。

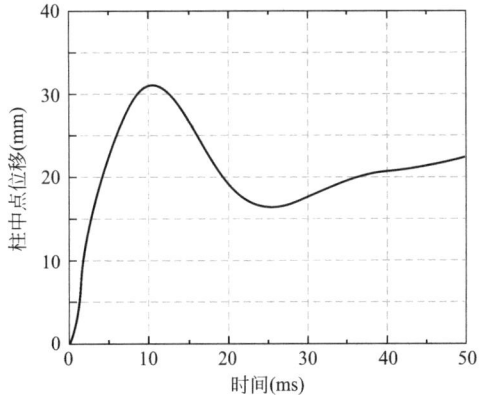

附图 E.3　RC 柱的中点位移时程曲线

E.2　玻璃幕墙-夹层玻璃面板

1. 数值模型

采用显式动力有限元分析软件 LS-DYNA 建立爆炸作用下 PVB 夹层玻璃的三维实体有限元分析模型，如附图 E.4 所示。有限元模型中夹层玻璃面板的平面尺寸为 $1.5m \times 1.2m$，并由两层厚度为 3mm 的玻璃面板与一层厚度为 1.52mm 的 PVB 中间膜组成。夹层玻璃由钢框架进行夹持，钢板厚度为 5mm，夹持深度为 50mm。根据实际工程构造，在边框和玻璃面板间建立厚度为 2mm 的硅酮胶垫层。

有限元模型中的各部分组件，如玻璃面板、PVB 中间膜，硅酮胶垫层和钢边框均采用 LS-DYNA 中的 Solid164 单元进行建模。单元采用缩减积分算法以提高计算效率。玻璃面板沿厚度方向划分 3 层单元，对 PVB 中间膜沿厚度方向仅划分 1 层单元。在综合考虑面板响

152

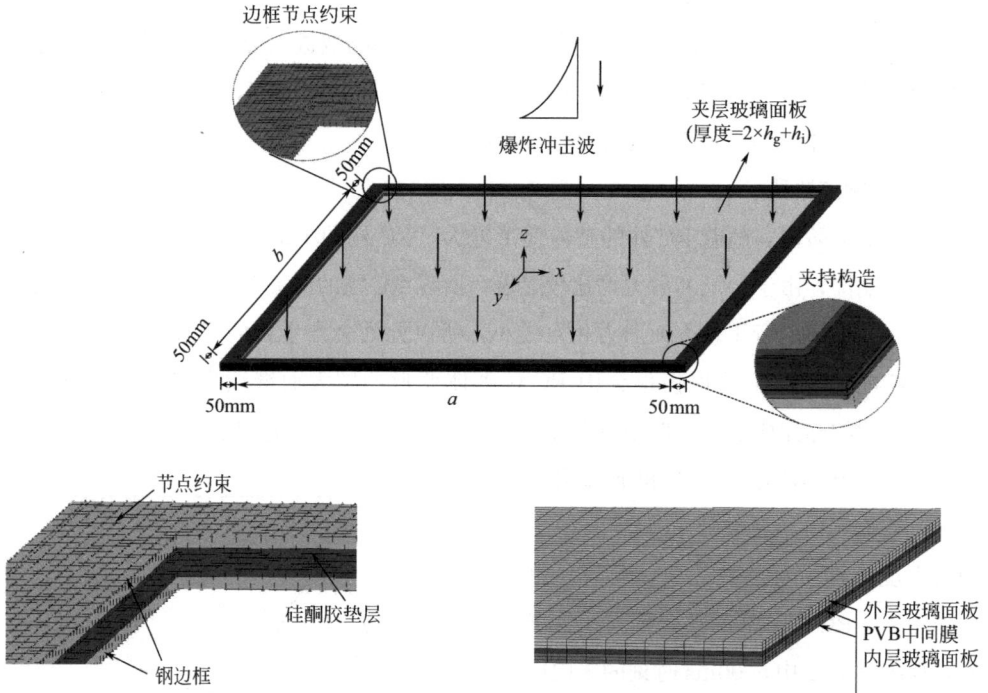

附图 E.4　夹层玻璃面板有限元模型

应，裂纹模拟效果及计算耗时三个因素后，最终采用 5mm 的水平网格尺寸进行分析。

在模型中对边框外表面节点的 3 个方向平动自由度进行了约束，以模拟边框完全固定的情况。分析主要考虑非近场爆炸的情况，因此采用均布压力模拟爆炸超压作用。模型中各接触面（包含玻璃与 PVB 夹层、硅酮胶与玻璃以及硅酮胶与钢框架三种接触面）均采用共节点处理，不考虑 PVB 与玻璃黏结界面的分离。另外，对于硅酮胶，通常认为黏结强度高于材料本身强度，因此模型中通过共节点处理来模拟硅酮胶-玻璃以及硅酮胶-钢框架之间的黏结作用。

有限元模型中包含的材料有浮法玻璃、PVB 中间膜、钢边框及硅酮胶垫层，其主要性能参数和材料模型如附表 E.2 所示。玻璃是一种弹脆性材料，因此在有限元模型中采用弹性材料模型，并采用最大主应力破坏准则。玻璃的弹性模量、泊松比和质量密度分别为 $E=72\mathrm{GPa}$，$\nu=0.22$ 和 $\rho=2560\mathrm{kg/m^3}$。对于 PVB 中间膜，常温下 PVB 夹层的本构关系如附图 E.5 所示，采用 LS-DYNA 中的分段线性弹塑性模型来模拟 PVB 材料，该模型中通过定义不同应变率下的材料本构关系曲线来考虑应变率效应。硅酮胶采用简化线弹性材料，其弹性模量、泊松比和密度分别取为 $E=3.5\mathrm{MPa}$、$\nu=0.495$ 和 $\rho=1000\mathrm{kg/m^3}$。采用单元删除算法来模拟玻璃的破碎及 PVB 中间膜的撕裂。玻璃的最大主拉应力为 80MPa，PVB 中间膜的真实失效应变为 1.2，硅酮结构胶真实失效应变为 1.6。

材料参数   附表 E. 2

材料	密度 (kg/m³)	弹性模量 (N/m²)	泊松比	材料模型[a]	失效准则
浮法玻璃	2.56×10^3	7.2×10^{10}	0.22	Elastic (Mat_001)	$\sigma_1 = 80MPa$
PVB 中间膜	1.1×10^3	应变率相关	0.495	* Mat Finite Elastic Strain Plasticity(Mat_112)	$\varepsilon_1 = 1.2$
钢边框	7.86×10^3	2.1×10^{11}	0.288	Plastic Kinematic (Mat_003)	—[b]
硅酮胶	1×10^3	3.5×10^6	0.495	Elastic (Mat_001)	$\varepsilon_1 = 1.6$

注：[a]括号内数值为 LS-DYNA 中材料模型号。

[b]表示不考虑材料失效。

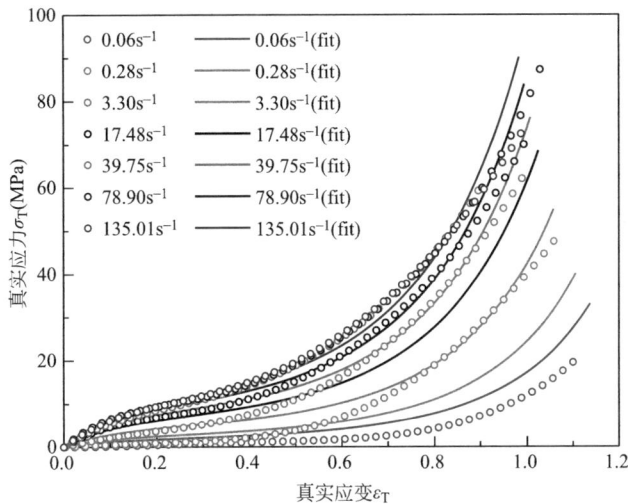

附图 E. 5   常温下 PVB 夹层的本构关系

2. 动力响应特征及破坏模式

这里对框支式 PVB 夹层玻璃在不同爆炸作用下的动力响应及破坏模式进行分析。在实际工程中由于夹层玻璃与边框间的锚固方式及锚固深度不同，在爆炸作用下可能发生锚固破坏，这种锚固破坏应在实际抗爆设计中尽量避免。当前分析重点关注夹层玻璃自身的破坏，不考虑锚固破坏。基于有限元分析，框支式 PVB 夹层玻璃在不同爆炸作用下可能发生整体破坏、局部破坏或混合破坏等三种典型模式。

附图 E. 6 展示了整体拉伸破坏模式下，PVB 夹层面板变形的发展过程，对应的爆炸荷载为：$i=400\text{kPa} \cdot \text{ms}$，$p=1000\text{kPa}$。模拟结果发现，初始阶段变形集中在靠近边框处，并逐渐向中心区域发展。玻璃面板首先在边框附近发生破碎，并向中心区域扩展。由于 PVB 夹层的黏结作用，破碎后的夹层玻璃仍然能作为一个整体继续变形，最终逐渐发展为整体变形，并在 $t=13\text{ms}$ 时发生 PVB 拉伸破坏。在动力区荷载的作用下，可观察到同样的破坏模式。整体拉伸破坏模式的特点是面板破碎较为均匀。虽然在初期变形主要集中在边框附近，但最终边框附近及中间区域的 PVB 夹层都参与受力并产生均匀拉伸，最终在中心区域发生 PVB 撕裂。

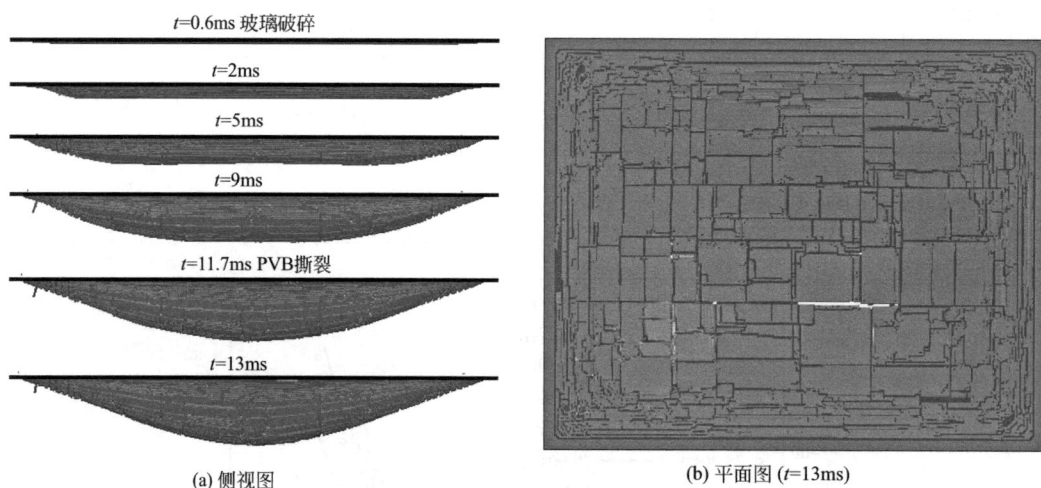

(a) 侧视图 　　　　　　　　　　　　　(b) 平面图 ($t=13\text{ms}$)

附图 E.6　面板变形模式（$i=400\text{kPa} \cdot \text{ms}$，$p=1000\text{kPa}$）

当爆炸荷载进一步增加时（$i=700\text{kPa} \cdot \text{ms}$，$p=1000\text{kPa}$），夹层玻璃发生局部拉伸破坏。主要表现为在边框附近形成环带状的损伤区域（附图 E.7），由于损伤区域内玻璃破碎严重（几乎完全丧失抗弯及抗拉刚度），整个面板的抗力只能由损伤区域内 PVB 夹层提供，最终导致损伤区域内 PVB 夹层发生撕裂，整个面板脱离边框。PVB 局部拉伸破坏主要是由于爆炸荷载较大时，局部变形发展非常迅速，导致面板没有足够的时间发展整体变形。因此局部拉伸破坏模式主要在冲量区荷载作用下发生，在动力区和准静态区荷载作用下较难发生。这种破坏模式下，爆炸能量中仅有小部分被玻璃面板破碎以及边界附近损伤区域内的 PVB 变形所耗散，其余大部分能量转化为面板动能。

在 PVB 局部拉伸破坏模式与 PVB 整体拉伸破坏模式之间存在一种混合破坏模式。如附图 E.8 所示，当爆炸荷载不足以引起初始阶段 PVB 局部拉伸破坏，如 $i=550\text{kPa} \cdot \text{ms}$，$p=1000\text{kPa}$ 工况，夹层玻璃面板将逐渐从局部变形模式转变为整体变形模式，混合破坏发生在这个过渡过程中。该破坏模式主要发生在冲量区和动力区。

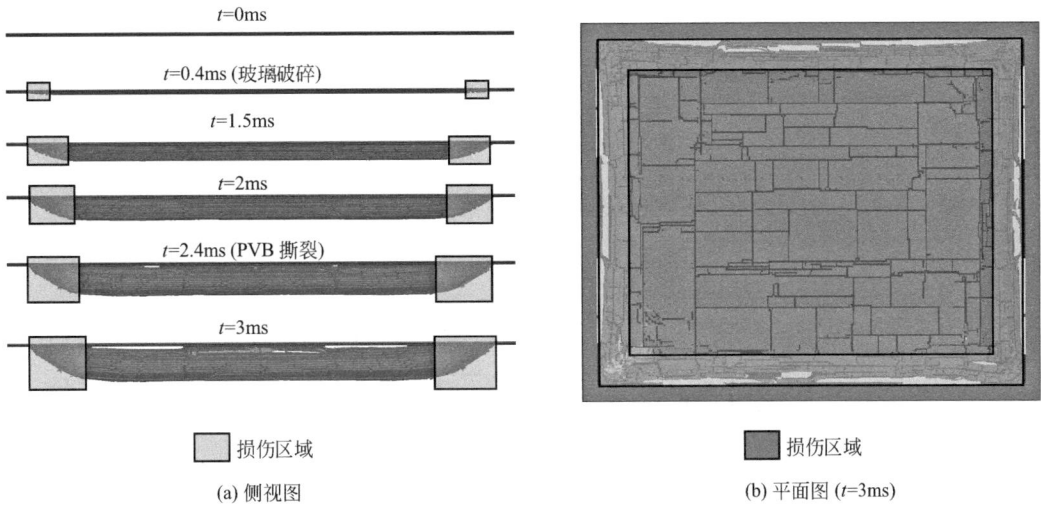

(a) 侧视图   (b) 平面图 (t=3ms)

附图 E.7　面板变形模式（$i=700\text{kPa}\cdot\text{ms}$，$p=1000\text{kPa}$）

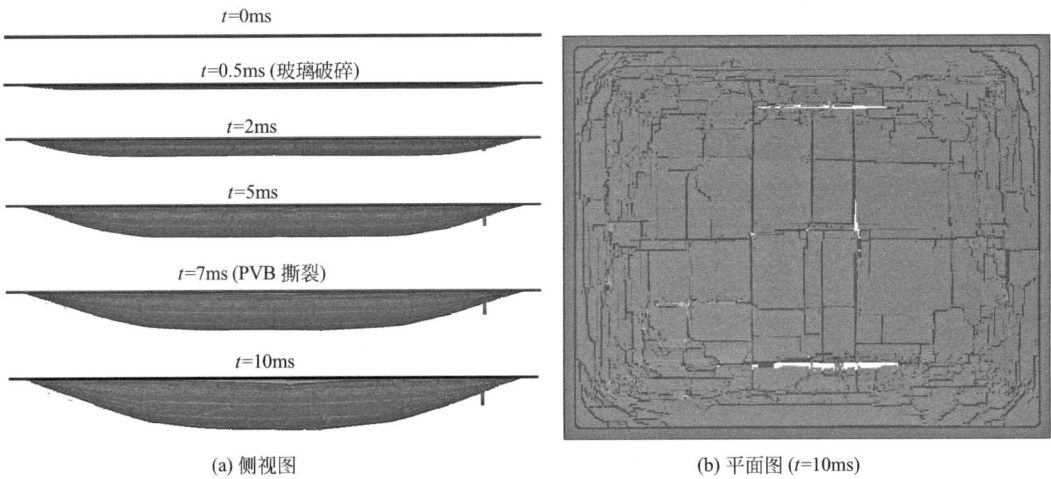

(a) 侧视图   (b) 平面图 (t=10ms)

附图 E.8　面板变形模式（$i=550\text{kPa}\cdot\text{ms}$，$p=1000\text{kPa}$）

附录 F　联系力法计算示例

1. 内部联系力

柱子发生破坏后，其上梁跨中会产生一定的下挠，基于此挠度和梁上承担的竖向荷载，根据平衡条件可以确定水平拉力（联系力）的大小。典型梁跨度为 5m，柱去除后双跨梁的跨中挠度为此时跨度的 10%，即 1m，梁上的典型恒载与活载均为 3.6kN/m^2。依据隔离体的弯矩平衡，联系力 R_u 的计算方法如下（附图 F.1）：

$$R_u \times S = \frac{(D+L/3) \times (2A)^2}{8} \tag{F.1}$$

$$R_u = \frac{(D+L/3) \times A^2}{2S} = 60\text{kN/m} \tag{F.2}$$

式中，$A=5\text{m}$ 为梁跨度；$S=1\text{m}$ 为挠度；$D=3.6\text{kN/m}^2$ 为恒荷载；$L=3.6\text{kN/m}^2$ 为活荷载。

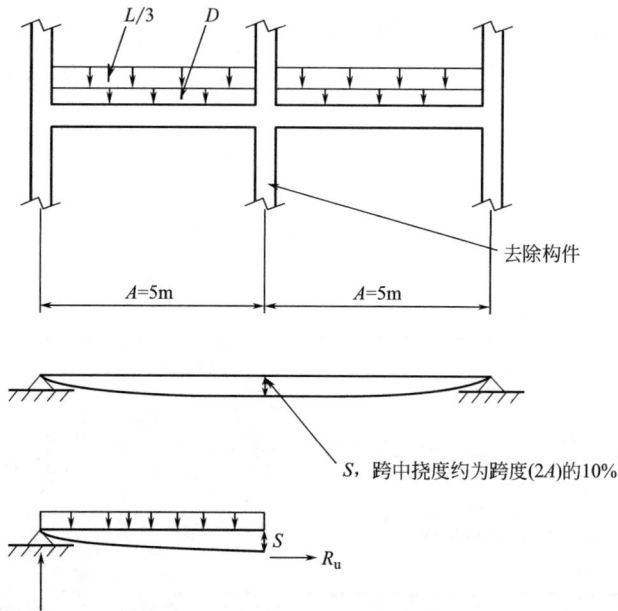

附图 F.1　内部联系力计算法示意图

因此，对于典型结构，基本联系力 $R_u=60\text{kN/m}$。随着结构高度的增加，结构承受非常规荷载作用的概率也在增加，对联系力的要求也应该提高。考虑结构楼层高度影响进行调整，修正后的联系力 R_u 为：

$$R_u = \min\{20+4n_0，60\} \tag{F.3}$$

其中，n_0 为结构的层数。

此外，考虑到梁跨度与荷载可能发生变化，最终的联系力取以下两者的较大值：

$$\frac{(1.0D+1.0L)}{7.5} \frac{l_r}{5} R_u \quad 或 \quad 1.0R_u \tag{F.4}$$

其中，l_r 为联系力计算方向上梁的最大跨度（m）。

2. 周边联系力

周边联系力的计算模型与内部联系力相同。周边联系力除了保证周边构件可以跨越去除柱外，还保证内部联系力的有效传递，其值取为 $1.0R_u$。

3. 边柱与外墙联系力以及角柱水平联系力

边柱与外墙的联系力主要是保证边柱或外墙在荷载作用下不会产生过大的侧移，从而出现明显的 P-Δ 效应，计算模型如附图 F.2 所示。联系力取以下两者的较大值：

$$\max\begin{cases} \min\{I_s/2.5 \cdot R_u,\ 2.0R_u\} \\ \text{按荷载标准组合计算得到的柱或墙承受荷载的 3\%} \end{cases} \tag{F.5}$$

其中，I_s 表示楼层高度（m）。

角柱联系力与边柱联系力计算方法相同，但是需要同时考虑两个方向。

附图 F.2　边柱联系力计算
方法示意图

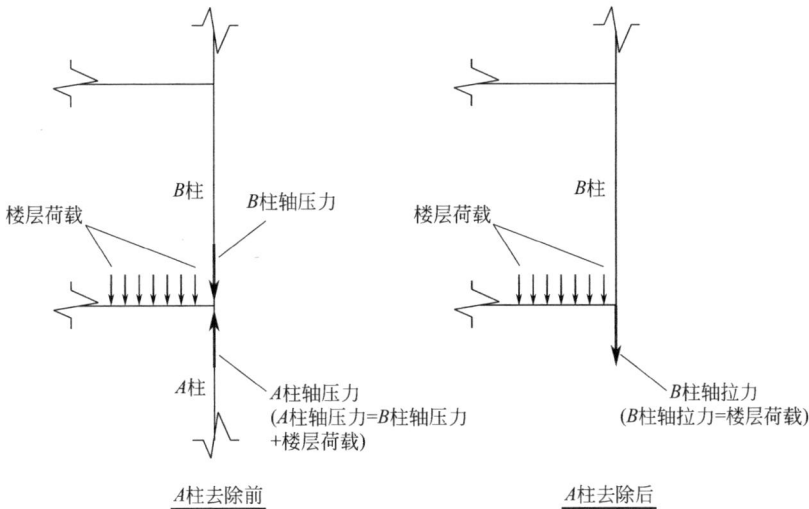

4. 竖向联系力

当墙、柱破坏后，其上楼层对应位置的竖向荷载传递路径被破坏，此时其上墙、柱应可通过拉力传递破坏墙、柱原来承担的楼层荷载。如附图 F.3 所示，在 A 柱去除前，A 柱除了承受 B 柱轴压力外，还要承受楼层荷载；A 柱去除后，B 柱要承受 A 柱原先承受的楼层荷载，此即 B 柱的竖向联系力。

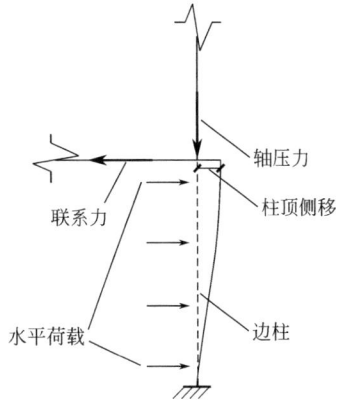

附图 F.3　竖向联系力计算方法示意图

因此某层墙、柱构件的竖向联系力的大小为按该层墙、柱构件下端的楼面荷载标准组合计算得到的下一层墙、柱承受的楼面荷载。

对于钢结构，UFC 评估指南以及 BS 5950-1、EN 1991-1-7 等规范分别给出了结构水平和竖向所需联系力限值，具体如附表 F.1 所示。

各种规范联系力限值

附表 F.1

规范	水平联系力		竖向联系力
	纵向或横向	周边	
BS 5950-1	$0.5(1.4D+1.6L)sl_1$ 或 75kN	$0.25(1.4D+1.6L)sl_1$ 或 75kN	柱或墙应承担的竖向拉力大小等于 2/3 任一层恒活荷载的最大值
EN 1991-1-7	$0.8(D+jL)sl_1$ 或 75kN	$0.4(D+jL)sl_1$ 或 75kN	柱或墙应承担的竖向拉力大小等于任一层恒活荷载的最大值
UFC	$3(1.2D+0.5L)l_1$ 或 75kN	$6(1.2D+0.5L)l_1+3(1.2D)l_1$ 或 75kN	柱内拉力不小于柱所承担的上一层楼面荷载

注：D 为恒载；L 为活载；s 为所考察联系与周边联系的横向平均距离；l_1 为跨长；j 为活荷载组合系数，对于住宅，j 取 0.5 或 0.3。

附录 G　拆除构件法计算示例

某结构为 7 层空间混凝土支撑框架结构。采用拆除构件法评估该结构的抗连续性倒塌性能，建立计算分析模型如附图 G.1 所示。

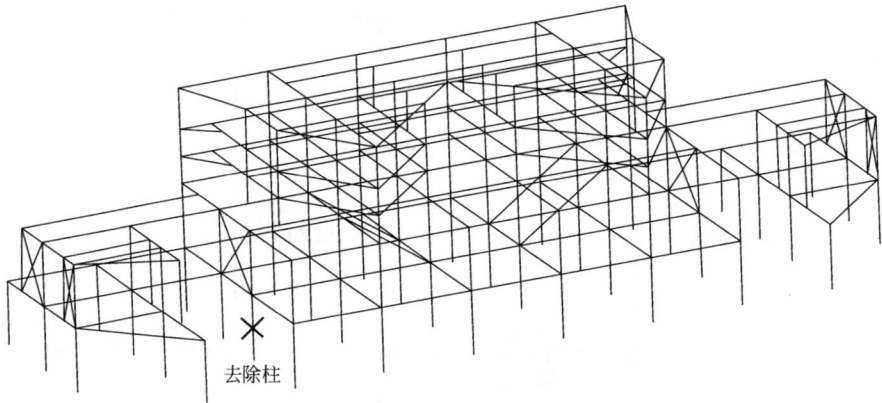

去除柱

附图 G.1　结构分析模型

采用有限元软件 LS-DYNA 进行动力非线性分析，首先利用动力松弛分析去除柱前的结构响应；在 0.2s 突然去除承重柱，利用重启动方法进行动力瞬态分析，根据结构响应（附图 G.2）分析判断是否有进一步的构件破坏。如发生新构件的破坏，则修正破坏发生时刻的相关信息，进一步利用重启动方法进行动力瞬态分析；如没有新构件破坏，分析停止。

构件破坏的分析验算主要包括构件承载力和变形验算。

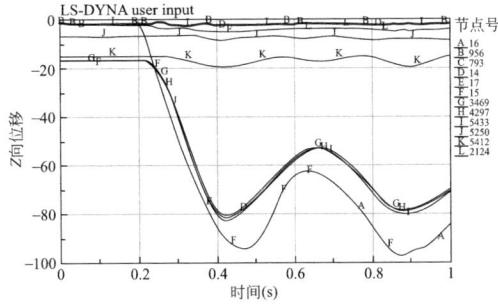

(a) 近去除柱构件端部节点Z向位移

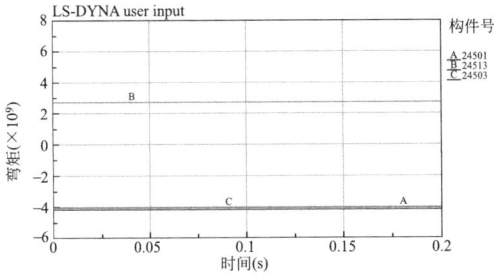

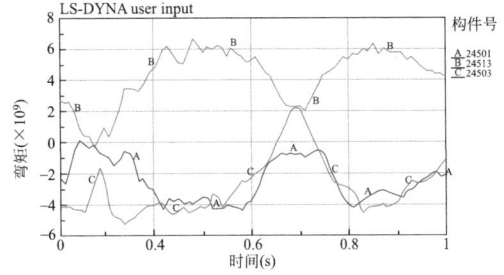

(b) 近去除柱梁的弯矩时程(0.0～1.0s)

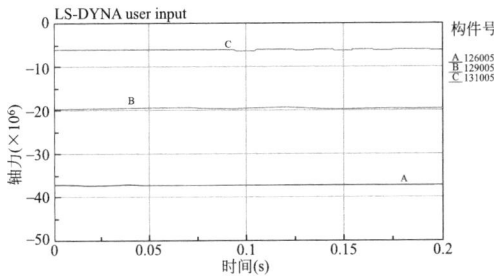

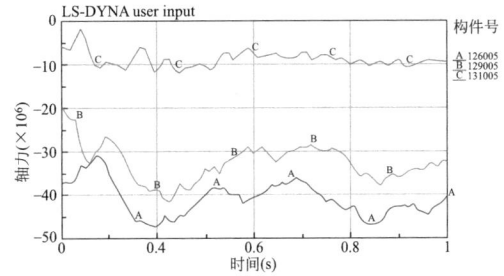

(c) 靠近去除柱的柱轴力时程

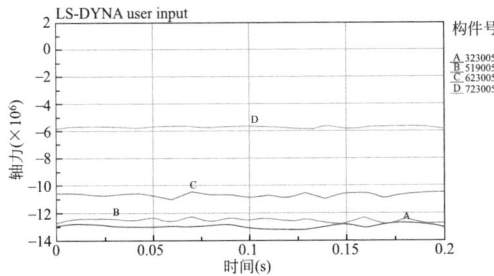

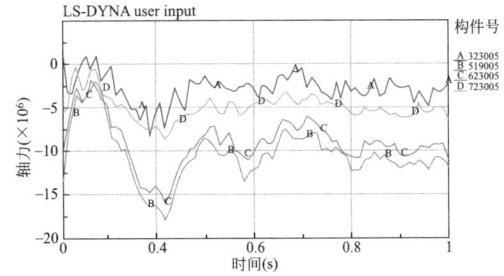

(d) 位于去除柱上方的柱轴力时程

附图 G.2　动力非线性分析结果

从动力非线性时程分析结果可知:

(1) 柱去除后,梁端位移明显增大,但梁端仍为负弯矩,这说明去除柱部位上部结构强度与刚度较大。

（2）靠近去除柱的柱轴力增大明显。而这些部位往往是荷载重分布时可能发生破坏的关键环节，在设计中需要加强。

（3）柱去除后，其上柱出现明显的卸载现象，荷载传递路径发生改变。

综合以上的结果，可以得到结论：去除柱后结构不会发生连续性倒塌。

参考文献

［1］ BAKER W E，COX P A，WESTINE P S，et al. Explosion Hazards and Evaluation ［M］. New York：Elsevier Scientific Publishing Company，1983.

［2］ BIRINGER B E，MATALUCCI R V，O'CONNER S L. Security Risk Assessment and Management ［M］. 李国强，刘春霖，陈素文，译. 北京：中国建筑工业出版社，2012.

［3］ BIGGS J M. Introduction to Structural Dynamics ［M］. New York：McGraw-Hill Book Co.，1964.

［4］ BIGGS J M. 结构动力学 ［M］. 姚玲森，程翔云，译. 北京：人民交通出版社，1982.

［5］ British Standards Institution. CP 110-1：1972 Code of Practice for Structural Use of Concrete：Part Ⅰ—Design，Materials and Workmanship ［S］.

［6］ BRODE H. Numerical solutions of spherical blast waves ［J］. Journal of Applied Physics，1955，26：766-776.

［7］ 中国工程建设标准化协会. 建筑结构抗倒塌设计标准：T/CECS 392—2021 ［S］. 北京：中国计划出版社，2021.

［8］ CHABOCHE J L. Cyclic viscoplastic constitutive equations，part Ⅰ：a thermodynamically consistent formulation ［J］. J Appl Mech，1993，60：813-828.

［9］ CHEN X，WU S，ZHOU J. Quantification of dynamic tensile behavior of cement-based materials ［J］. Construction and Building Materials，2014，51：15-23.

［10］ CHEN S，CHEN X，LI G Q，et al. Development of pressure-impulse diagrams for framed PVB-laminated glass windows ［J］. Journal of Structural Engineering，2019，145（3）：04018263.

［11］ CHEN S，CHEN X，LU Y，et al. Towards blast safety of glass facades：research advances and prospects ［J］. Thin-Walled Structures，2025，212：113213.

［12］ CHEN X，WANG C，CHEN S，et al. Characterization of the dynamic mechanical properties of low-iron float glass through Split-Hopkinson-Pressure-Bar tests ［J］. Construction and Building Materials，2023，365：130083.

［13］ CRAWFORD J E，LAN S. Design and implementation of protective technologies for improving blast resistance of buildings ［C］. Enhancing Building Security Seminar，Singapore，2005.

［14］ CRAWFORD R E，HIGGINS C J，BULTMANN E H. The Air Force Manual for Design and Analysis of Hardened Structures ［M］. New Mexico：Civil Nuclear System Corporation，1980.

［15］ CSA/S 850-12 Design and Assessment of Buildings Subjects to Blast Loads ［S］. Ontario：Canadian Standards Association，2012.

［16］ FUJIKURA S，BRUNEAU M，LOPEZ-GARCIA D. Experimental investigation of multihazard resistant bridge piers having concrete-filled steel tube under blast loading [J]. JOURNAL OF BRIDGE ENGINEERING, 2008 (13): 586-594.

[17] GILBERTSON C G, BULLEIT W M. Load duration effects in wood at high strain rates [J]. Journal of Materials in Civil Engineering, 2013, 25 (11): 1647-1654.

[18] Global Terrorism Database [EB/OL]. [2025-03-31]. https://www startumd. edu/gtd/.

[19] GSA Test Protocal-GSA-TS01-2003: US General Services Administration Standard Test Method for Glazing and Window Systems Subject to Dynamic Overpressure Loadings [S].

[20] Center for Chemical Process Safety, Guidelines of Evaluation the Characteristic of Vapor Cloud Explosions, Flash Fires and BLEVES [M]. New York: American Institute of Chemical Engineers, 1994.

[21] 中华人民共和国住房和城乡建设部. 钢结构设计标准: GB 50017—2017 [S]. 北京: 中国建筑工业出版社, 2017.

[22] 中华人民共和国建设部, 中华人民共和国质量监督检验检疫总局. 人民防空工程设计规范: GB 50225—2005 [S]. 北京: 中国建筑工业出版社, 2005.

[23] HENRYCH J. 爆炸动力学及其应用 [M]. 熊建国, 等译. 北京: 科学出版社, 1979.

[24] HOLGADO D, MONTALVA A, FLOREK J, et al. Deep neural network (DNN) model to predict close-in blast load [C] // Structures Congress, 2022.

[25] HOLMQUIST T J, JOHNSON G R, COOK W H. A computational constitutive for concrete subjected to large strains, high strain rates and high pressure [C]. Proceeding of the Fourteenth International Symposium on Ballistics, 1995.

[26] HUANG Y, ZHU S, CHEN S. Deep learning-driven super-resolution reconstruction of two-dimensional explosion pressure fields [J]. Journal of Building Engineering, 2023, 78: 107620.

[27] JOHNSON G R, HOLMQUIST T J. A computational constitutive model for brittle materials subjected to large strains, high strain rates and high pressures [J]. Shock Wave and High-Strain-Rate Phenomena in Materials, 1992: 1075-1081.

[28] JOHNSON G R, HOLMQUIST T J. An improved computational constitutive model for brittle materials [J]. AIP conference proceedings. 1994, 309 (01): 981-984.

[29] JOHNSON G R, COOK W H. A constitutive model and data for metals subjected to large strains, high strain rates and high temperature [C]. Proceeding of the Seventh International Symposium on Ballistics, 1983.

[30] JOHNSON P, STEIN B, DAVIS R. Measurement of dynamic plastic flow properties under uniform stress [C]. Symposium on Dynamic Behavior of Materials, ASTM International, 1963.

[31] KINGERY C N, Bulmash G. Technical report ARBRL-TR-02555: Air blast parameters from TNT spherical air burst and hemispherical burst, AD-B082 713 [R]. U. S. Army Ballistic Research Laboratory, Aberdeen Proving Ground, MD. 1984.

［32］ KOLSKY H. An investigation of the mechanical properties of materials at very high rates of loading ［J］. Proceedings of the Physical Society, Section B, 1949, 62 (11): 676.

［33］ LI Q, WANG Y, CHEN W, et al. Machine learning prediction of BLEVE loading with graph neural networks ［J］. Reliability Engineering & System Safety, 2024, 241: 109639.

［34］ MALVAR L J, ROSS C A. Review of strain rate effects for concrete in tension ［J］. ACI Material Journal, 1998, 95 (6): 735-739.

［35］ MARSH K J, CAMPBELL J D. The effect of strain rate on the post-yield flow of mild steel ［J］. Journal of the Mechanics and Physics of Solids, 1963, 11 (1): 49-63.

［36］ MESSERSCHMIDT U. Dislocation Dynamics during Plastic Deformation ［M］. Berlin: Springer Science & Business Media, 2010.

［37］ NICHOLAS T. Tensile testing of materials at high rates of strain: an experimental technique is developed for testing materials at strain rates up to $103\ s^{-1}$ in tension using a modification of the split Hopkinson bar or Kolsky apparatus ［J］. Experimental Mechanics, 1981, 21 (5): 177-185.

［38］ NORRIS C H, HANSEN R J, et al. Structural Design for Dynamic Loads ［M］. New York: McGraw-Hill Book Co. , 1959.

［39］ NORVILLE H S, HARVILL N, CONRATH E J, et al. Glass-related injuries in Oklahoma City bombing ［J］. Journal of Performance of Constructed Facilities, 1999, 13 (2): 50-56.

［40］ PANNELL J J, RIGBY S E, PANOUTSOS G. Physics-informed regularisation procedure in neural networks: an application in blast protection engineering ［J］. International Journal of Protective Structures, 2022, 13 (3): 555-578.

［41］ REMENNIKOV A M, MENDIS P A. Prediction of air blast loads in complex environments using artificial neural networks ［J］//Structures under Shock and Impact IX, 2006: 269-278.

［42］ STEINBERG D J, COCHRAN S G, GUINAN M W. A constitutive model for metals applicable at high-strain rate ［J］. Journal of applied physics, 1980, 51 (3): 1498.

［43］ STEINBERG D J, LUND C M. A constitutive model for strain rates from 10^{-4} to $10^6 s^{-1}$ ［J］. Journal of Applied Physics, 1989, 65 (4): 1528-1533.

［44］ TAYLOR G I. The mechanism of plastic deformation of crystals. Part I —Theoretical ［J］. Proceedings of the Royal Society of London, Series A, Containing Papers of a Mathematical and Physical Character, 1934, 145 (855): 362-387.

［45］ TM 5-1300, Structures to Resist the Effects of Accidental Explosion ［S］. Washington, D. C. : Department of the Army, the Navy and the Air Force, 1969.

［46］ 美国陆军工程兵水道试验站. 常规武器防护设计原理 ［M］. 方秦, 吴平安, 张育林, 等译. 南京: 解放军工程兵工程学院, 1997.

［47］ TRAWINSKI E, FISHER J W, DINAN R J. Full scale testing of polymer reinforced blast resistant windows [R]. Air Force Research Laboratory, Report AFRL-ML-TY-TP 2005-4508, 2004.

[48] 中国工程建设标准化协会. 民用建筑防爆设计标准：T/CECS 736—2020 [S]. 北京：中国建筑工业出版社，2020.

[49] UFC 3-340-01, Design and Analysis of Hardened Structures to Conventional Weapons Effects [S]. Washington, D. C.：Departments of the Army, the Navy and the Air Force, 1990.

[50] UFC 3-340-02, Structures to Resist the Effects of Accidental Explosions [S]. Washington, D. C.：Departments of the Army, the Navy and the Air Force, 2008.

[51] UFC 4-010-01, DOD Minimum Antiterrorism Standards for Buildings [S]. Washington, D. C.：Department of Defense, 2003.

[52] UFC 4-023-03, Design of Buildings to Resist Progressive Collapse [S]. Washington, D. C.：Department of Defense, 2005.

[53] WALSH J M, RICE M H, MCQUEEN R G, et al. Shock-wave compressions of twenty-seven metals. Equations of state of metals [J]. Physical Review, 1957, 108 (2)：196.

[54] WELLERSHOFF F, FOERCH M, LORI G, et al. Facade brackets for blast enhancement [J]. Glass Archit. Struct. Eng. , 2018, 2 (5-6)：351-367.

[55] WU J, LIU Z, YU J, et al. Experimental and numerical investigation of normal reinforced concrete panel strengthened with polyurea under near-field explosion [J]. Journal of Building Engineering, 2022：103763.

[56] YAN J, LIU Y, XU Z, et al. Experimental and numerical analysis of CFRP strengthened RC columns subjected to close-in blast loading [J]. International Journal of Impact Engineering, 2020：103720.

[57] ZHANG X, HAO H. The response of glass window systems to blast loadings：an overview [J]. International Journal of Protective Structures, 2016, 7：123-154.

[58] Л. П. 奥尔连科. 爆炸物理学 [M]. 孙承纬，等译. 北京：科学出版社，2011.

[59] 陈惠发，萨里普. 弹性与塑性力学 [M]. 余天庆，王勋文，刘再华，编译. 北京：中国建筑工业出版社，2004.

[60] 杜晓庆，何益平，邱涛，等. 基于 PCA-BPNN 的桥梁爆炸荷载时程预测 [J]. 爆炸与冲击，2025，45 (03)：79-93.

[61] 高光发. 量纲分析理论与应用 [M]. 北京：科学出版社，2021.

[62] 李国豪. 工程结构抗爆动力学 [M]. 上海：上海科学技术出版社，1989.

[63] 卢芳云. 霍普金森杆实验技术 [M]. 北京：科学出版社，2013.

[64] 孟宪昌，张俊秀. 爆轰理论基础 [M]. 北京：北京理工大学出版社，1988.

[65] 孙建运，李国强. 建筑结构抗爆设计研究发展概述 [J]. 四川建筑科学研究，2007.33 (2)：4-10.

［66］孙建运，李国强，陆勇．爆炸冲击荷载作用下 SRC 柱等效单自由度模型［J］．振动与冲击，
　　　2007，26（6）：82-89.

［67］王礼立．应力波基础［M］．2 版．北京：国防工业出版社，2005.

［68］余同希，邱信明．冲击动力学［M］．北京：清华大学出版社，2011.

［69］张守中．爆炸基本原理［M］．北京：国防工业出版社，1988.

高等学校土木工程专业指导委员会规划推荐教材（经典精品系列教材）

征订号	书 名	定价	作 者	备 注
V40063	土木工程施工（第四版）（赠送课件）	98.00	重庆大学 同济大学 哈尔滨工业大学	教育部普通高等教育精品教材
V36140	岩土工程测试与监测技术（第二版）	48.00	宰金珉 王旭东 徐洪钟	
V40077	建筑结构抗震设计（第五版）（赠送课件）	58.00	李国强 李杰 陈素文 等	
V38988	土木工程制图（第六版）（赠送课件）	68.00	卢传贤	
V38989	土木工程制图习题集（第六版）	28.00	卢传贤	
V41283	岩石力学（第五版）（赠送课件）	48.00	许明	
V32626	钢结构基本原理（第三版）（赠送课件）	49.00	沈祖炎 陈以一 陈扬骥 等	国家教材奖一等奖
V35922	房屋钢结构设计（第二版）（赠送课件）	98.00	沈祖炎 陈以一 童乐为 等	教育部普通高等教育精品教材
V42889	路基工程（第三版）（赠送课件）	66.00	刘建坤 曾巧玲 杨军	
V36809	建筑工程事故分析与处理（第四版）（赠送课件）	75.00	王元清 江见鲸 龚晓南 等	教育部普通高等教育精品教材
V35377	特种基础工程（第二版）（赠送课件）	38.00	谢新宇 俞建霖	
V37947	工程结构荷载与可靠度设计原理（第五版）（赠送课件）	48.00	李国强 黄宏伟 吴迅 等	
V37408	地下建筑结构（第三版）（赠送课件）	68.00	朱合华	教育部普通高等教育精品教材
V43565	房屋建筑学（第六版）（赠送课件）	59.00	同济大学 西安建筑科技大学 东南大学 等	教育部普通高等教育精品教材
V40020	流体力学（第四版）（赠送课件）	59.00	刘京 刘鹤年 陈文礼 等	
V30846	桥梁施工（第二版）（赠送课件）	37.00	卢文良 季文玉 许克宾	
V40955	工程结构抗震设计（第四版）（赠送课件）	48.00	李爱群 丁幼亮 高振世	
V35925	建筑结构试验（第五版）（赠送课件）	49.00	易伟建 张望喜	
V43634	地基处理（第三版）（赠送课件）	48.00	龚晓南 陶燕丽	国家教材二等奖
V29713	轨道工程（第二版）（赠送课件）	53.00	陈秀方 娄平	
V36796	爆破工程（第二版）（赠送课件）	48.00	东兆星	
V36913	岩土工程勘察（第二版）	54.00	王奎华	
V20764	钢-混凝土组合结构	33.00	聂建国 刘明 叶列平	
V36410	土力学（第五版）（赠送课件）	58.00	东南大学 浙江大学 湖南大学 等	
V33980	基础工程（第四版）（赠送课件）	58.00	华南理工大学 等	

征订号	书　名	定价	作　者	备　注
V34853	混凝土结构（上册）——混凝土结构设计原理（第七版）（赠送课件）	58.00	东南大学　天津大学　同济大学	教育部普通高等教育精品教材
V34854	混凝土结构（中册）——混凝土结构与砌体结构设计（第七版）（赠送课件）	68.00	东南大学　同济大学　天津大学	教育部普通高等教育精品教材
V34855	混凝土结构（下册）——混凝土公路桥设计（第七版）（赠送课件）	68.00	东南大学　同济大学　天津大学	教育部普通高等教育精品教材
V25453	混凝土结构（上册）（第二版）（含光盘）	58.00	叶列平	
V23080	混凝土结构（下册）	48.00	叶列平	
V11404	混凝土结构及砌体结构（上）	42.00	滕智明　朱金铨	
V11439	混凝土结构及砌体结构（下）	39.00	罗福午　方鄂华　叶知满	
V41162	钢结构（上册）——钢结构基础（第五版）（赠送课件）	68.00	陈绍蕃　郝际平　顾强	
V41163	钢结构（下册）——房屋建筑钢结构设计（第五版）（赠送课件）	52.00	陈绍蕃　郝际平	
V22020	混凝土结构基本原理（第二版）	48.00	张誉	
V25093	混凝土及砌体结构（上册）（第二版）	45.00	哈尔滨工业大学　大连理工大学　北京建筑大学　等	
V26027	混凝土及砌体结构（下册）（第二版）	29.00	哈尔滨工业大学　大连理工大学　北京建筑大学　等	
V43770	土木工程材料（第三版）（赠送课件）	60.00	湖南大学　天津大学　同济大学	
V36126	土木工程概论（第二版）	36.00	沈祖炎	
V19590	土木工程概论（第二版）（赠送课件）	42.00	丁大钧　蒋永生	教育部普通高等教育精品教材
V30759	工程地质学（第三版）（赠送课件）	45.00	石振明　黄雨	
V20916	水文学	25.00	雒文生	
V36806	高层建筑结构设计（第三版）（赠送课件）	68.00	钱稼茹　赵作周　纪晓东　等	
V42251	桥梁工程（第四版）（赠送课件）	88.00	房贞政　陈宝春　上官萍　等	
V40268	砌体结构（第五版）（赠送课件）	48.00	东南大学　同济大学　郑州大学	教育部普通高等教育精品教材
V34812	土木工程信息化（赠送课件）	48.00	李晓军	
V45437	建筑防爆设计（赠送课件）	49.00	李国强　陈素文　陈星	

　　注：本套教材均被评为《"十二五"普通高等教育本科国家级规划教材》和《住房和城乡建设部"十四五"规划教材》。